生物学实验指导丛书

细胞生物学与遗传学实验指导

主　编　孟祥勋　张焕相

苏州大学出版社

图书在版编目(CIP)数据

细胞生物学与遗传学实验指导/孟祥勋,张焕相主编.—苏州:苏州大学出版社,2010.4(2024.8 重印)
(生物学实验指导丛书)
ISBN 978-7-81137-456-8

Ⅰ.①细… Ⅱ.①孟…②张… Ⅲ.①细胞生物学-实验-高等学校-教学参考资料②医学遗传学-实验-高等学校-教学参考资料 Ⅳ.①Q2-33②R394-33

中国版本图书馆 CIP 数据核字(2010)第 059368 号

细胞生物学与遗传学实验指导

孟祥勋　张焕相　主编

责任编辑　倪　青

苏州大学出版社出版发行
(地址:苏州市十梓街1号　邮编:215006)
常州市武进第三印刷有限公司印装
(地址:常州市武进区湟里镇村前街　邮编:213154)

开本 787 mm×1 092 mm　1/16　印张 13.25　字数 300 千
2010 年 4 月第 1 版　2024 年 8 月第 5 次印刷
ISBN 978-7-81137-456-8　定价:48.00 元

苏州大学版图书若有印装错误,本社负责调换
苏州大学出版社营销部　电话:0512-65225020
苏州大学出版社网址　http://www.sudapress.com

生物学实验指导丛书
编委会

主　任　贡成良

副主任　戈志强　孟祥勋　张焕相

　　　　　许维岸

编　委　戈志强　贡成良　韩红岩

　　　　　孟祥勋　曲春香　司马杨虎

　　　　　孙丙耀　卫功元　许维岸

　　　　　叶　荣　张焕相

《细胞生物学与遗传学实验指导》
编写人员名单

主　　编　孟祥勋　　张焕相

编写人员　司马杨虎　叶　荣

　　　　　　沈颂东　　贺丽虹

　　　　　　孟祥勋　　张焕相

前言

随着生命科学研究的深入,生物学科领域中的主要分支学科,如遗传学、细胞生物学、分子生物学、生物化学、发育生物学、生物进化论等学科间相互联系、相互补充、相互渗透、相互交叉越来越明显。尤其在当今生命科学分子水平的研究上,学科间知识体系的关系及运用更是相辅相承。

在我国生命科学高等教育教学中,无论是理论教学还是实验教学,为了将各学科实验有机结合,避免重复,许多院校均在探讨教学体系改革或质量工程。为了适应当今生物科学学科间融合交叉的特点,我们结合我校自身特点组织编写了这套生物科学实验指导丛书,其目的就是打破过去以课程为主设置实验教学内容、缺少学科间交叉融合的教学模式。

细胞生物学和遗传学均为生物科学教育中的核心课程。众所周知,遗传是生命的最基本特征,遗传学又是研究遗传物质——基因本质的一门学科;细胞是生物的基本结构单位,细胞生物学则是研究细胞基本生命活动规律的科学。两门学科知识体系联系密切,尤其是实验教学内容相互重叠,又互为基础。基于此种情况,精心选择编排细胞生物学和遗传学实验内容与体系也是实验教学改革的重要组成部分。因此,我们在总结多年教学经验的基础上,借鉴兄弟院校的教学成果并结合学科发展,编写了这本实验指导。全书共计48个实验,分为三个部分。(1) 基础实验:包含经典的细胞学与遗传学实验,如细胞器形态学、细胞遗传学、细胞化学、细胞生理、电镜标本制备、动植物有丝分裂和减数分裂、核型分析、遗传物质DNA提取等29个实验,通过基础实验使学生掌握实验基本操作技能;(2) 综合实验:涵盖了细胞培养、原生质体融合、遗传转化、多倍体诱导及杂种优势分析等技术和方法,力求在基础实验的基础上,尽可能全面地培养学生相关实验技能;(3) 开放实验:主要内容为细胞融合、细胞凋亡分析、荧光原位杂交、绿色荧光蛋白表达、遗传物质诱变、流式细胞分选等较新的技术和方法,目的是在实验老师指导下,让学生自主设计并完成实验,使学生独立完成实验的技能得到提高。由于教学时数的限制和各院校教学条件的不同,对于本教材所列实验内容,一般只需选择性开设其中部分基础实验和综合实验,对于一些难度较大、需时较长的开放实验,可根据具体情况集中时间开设1~2

个实验。

本书编写人员及编写内容有：苏州大学基础医学与生物科学学院贺丽虹编写实验五、十、二十六、三十四、三十七、四十等 6 个实验，叶荣编写实验二、三、十六至十八、二十七、二十八、三十五、三十六、三十八、三十九等 11 个实验，张焕相编写实验四十二至四十四等 3 个实验，沈颂东编写实验一、四，朱子玉编写实验七、四十一，司马杨虎编写实验八、十一至十四、十九、二十三、三十二、三十三、四十五和四十六等 11 个实验；孟祥勋编写实验六、九、十五、二十至二十二、二十四、二十五、二十九至三十一、四十七、四十八等 13 个实验。全书由孟祥勋和张焕相教授审定。感谢徐晓静、曲静老师在编写工作中的帮助！

本书可供综合性大学、师范院校、农林院校和医学院校生命科学专业的教师和学生使用，也可供相关专业人员参考。由于编者水平有限，编写时间仓促，本书可能存在错误和不足之处，诚请读者指正。

目录

第一篇　基础实验

实验一	普通光学显微镜的结构和使用方法	1
实验二	动物细胞的基本形态与显微测量	13
实验三	细胞器的显示与观察	16
实验四	临时制片方法及细胞形态的观察	21
实验五	细胞骨架标本的制备及观察	29
实验六	植物有丝分裂的孚尔根(Feulgen)核染色观察	31
实验七	小鼠减数分裂标本的制备及观察	34
实验八	植物减数分裂与玉米花粉母细胞涂片及观察	37
实验九	蝗虫精巢减数分裂的观察	42
实验十	植物染色体标本的制备与观察	46
实验十一	果蝇唾腺解剖及其染色体观察	49
实验十二	植物染色体显带技术与带型分析	55
实验十三	人类性染色体小体的检测与观察	59
实验十四	人体外周血淋巴细胞的培养及染色体观察	63
实验十五	小鼠骨髓细胞染色体标本的制备与观察	70
实验十六	过氧化氢酶活性的测定与定位	73
实验十七	线粒体和液泡系的活细胞染色	76
实验十八	粗糙链孢霉的杂交	78
实验十九	细胞膜通透性和细胞吞噬活动的观察	86
实验二十	碱裂解法制备少量质粒DNA	89
实验二十一	植物基因组总DNA的提取	93
实验二十二	动物组织细胞DNA的提取与检测	97

实验二十三	数量性状遗传分析	102
实验二十四	苯硫脲(PTC)尝味试验及其基因频率的计算	107
实验二十五	植物有性杂交	110
实验二十六	细胞的有丝分裂	114
实验二十七	细胞中多糖和过氧化物酶的定位	117
实验二十八	细胞内酸性磷酸酶的显示	119
实验二十九	果蝇基因的连锁与交换分析	122

第二篇 综合实验

实验三十	细菌遗传转化	125
实验三十一	果蝇形态特征、生活史观察与杂交实验	129
实验三十二	植物多倍体的诱发和鉴定	134
实验三十三	杂种优势的测定与分析	138
实验三十四	植物原生质体的分离和培养	142
实验三十五	细胞计数及活力测定	145
实验三十六	动物细胞原代培养与传代培养	148
实验三十七	植物组织培养技术	151
实验三十八	细胞的冻存和复苏	154

第三篇 开放实验

实验三十九	动物细胞融合	156
实验四十	植物体细胞杂交——原生质体融合	158
实验四十一	细胞显微注射技术	162
实验四十二	免疫荧光抗体法检查细胞表面抗原	166
实验四十三	正常细胞与肿瘤细胞常规核型的标本制备	168
实验四十四	间充质干细胞的培养及鉴定	173
实验四十五	染色体的荧光原位杂交	177
实验四十六	分子标记技术及其遗传多态性分析	182
实验四十七	DNA限制酶酶切图谱构建与分析	186
实验四十八	模拟选择对基因频率的影响	190

附录

一、常用试剂的配制　　　　　　　192

二、常用染色液的配制　　　　　　195

三、常用缓冲液的配制　　　　　　197

四、常用培养基的配制　　　　　　198

五、χ^2值表　　　　　　　　　　　200

主要参考文献　　　　　　　　　　201

第一篇 基础实验

实验一 普通光学显微镜的结构和使用方法

光学显微镜是利用光学原理,把人眼所不能分辨的微小物体放大成像,以供人们提取微细结构信息的光学仪器.16世纪,光学显微镜最初在欧洲就被发明制作出来,细胞就是由英国的罗伯特·胡克首先用显微镜发现并命名的.在生命科学、材料科学和地质学研究中经常使用到光学显微镜,现代生命科学研究和生物产业的生产更离不开它.

【实验目的】

了解普通光学显微镜的构造及其原理,并熟练掌握其操作方法.

【实验用品】

普通复式光学显微镜、载玻片、盖玻片、香柏油、生物制片标本、滤纸、擦镜纸.

【实验原理和方法】

普通光学显微镜从构造上可分为光学、机械和电子三大系统(图1-1).现仅重点阐述其光学系统及显微镜的操作技术.

一、显微镜的光学系统

光学系统通常由物镜、目镜、聚光器和光阑组成.

(一)物镜(objective)

显微镜的质量主要取决于物镜.物镜种类繁多,性能相差悬殊,制造厂家不一.同类物镜因工艺水平的高低,性能迥异.

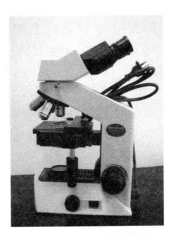

图1-1 普通光学显微镜

1. 物镜的种类

根据像差的校正程度不同,物镜可分为下列四种:

(1) 消色差物镜(achromatic objective)

消色差物镜是最常见的物镜,其金属外壳上不刻代表性标志.该物镜将光谱中红光和蓝光聚焦于一点,黄绿光则聚焦于另一点,并纠正了黄绿光的球差.其最佳清晰波长范围是 510～630 nm.

(2) 复消色差物镜(apochromatic objective)

复消色差物镜是用特殊的光学玻璃制成的,纠正了可见光的红、绿、蓝三种色光的色差,使之聚焦于一点,质量优良.最佳清晰波长范围为 400～720 nm,容纳了全部可见光谱.残留有像场弯曲,使平面物体形成类似球形弯面的影像,结果视野中心和边缘的影像不能同时准焦.复消色差物镜的金属外壳上刻有"APO"字样,供作识别.

(3) 萤石物镜(fluorite objective)

萤石物镜亦称半复消色差物镜(semi-apochromatic objective).构成物镜的光学透镜全部或大部分由萤石透镜取代,故名萤石透镜.色差校正介于消色差物镜与复消色差物镜之间,故又可称半复消色差物镜.最佳清晰波长范围为 430～680 nm,包括了绝大部分的可见光谱.其物镜的金属外壳上刻有"FL"字样.

上述三种物镜都残留有不同程度的场曲,使得视场内不同部分的影像不能同时准焦.镜检时,尽管可采用分区聚焦、依次观察的方法,可是显微摄影却无法把分散于全场的样品清晰地摄入一帧画幅之中.

(4) 平场物镜(plan objective)

平场物镜除具有其他物镜的优点外,还校正了场曲.在相等的放大率下,所形成的影像要比一般物镜的影像大.平场物镜有多种类别,外壳上刻有不同的字样,以示区别:"PL"(平场消色差物镜)、"PL·FL"(平场萤石物镜)、"PLAN"(平场消色差物镜)和"PL·APO"(平场复消色差物镜)等,其中以"PL·APO"为最佳.

各种类型的平场物镜,都要与精制的平场目镜配合使用.

物镜使用时,按前透镜与被检标本盖片之间的介质情况不同,又可分下列两类:

(1) 干燥系(dry system)物镜

镜检时,物镜与盖片之间不添加任何液体,如 4×、10×、20× 和 40× 物镜都属于干燥系物镜,使用时不加任何浸液,只以空气为介质,其折射率为 1.所以干燥系物镜的数值孔径小,分辨率亦低.

(2) 浸没系(immersion system)物镜

物镜在使用时,前透镜与盖片之间浸满液体.依充填的浸液不同,主要分为油浸系(oil immersion)和水浸系(water immersion)等类别.最常用的浸没液为香柏油(ceder oil),其折射率为 1.515,与玻片的折射率相近,且不易干涸.使用水浸物镜时须加水,其折射率为 1.33.

油浸物镜上刻有"oil"、"oel"、"imm"和"HI"等字样,水浸物镜上刻有"W"或"Water"字样,油、水浸两用物镜上则刻有"oil+w"字样,甘油浸没物镜可刻有"Glyc"或"Glyz"等字样.

2. 物镜壳上的标志

物镜的金属外壳上刻有多种符号和数字,分别代表物镜性能、规格、类别和使用条件等.

(1) 物镜的种类

APO(复消色差物镜)、FL(萤石物镜或半复消色差物镜)、PL(平场物镜)、PL·FL(平场萤石物镜)和 PL·APO(平场复消色差物镜).

(2) 放大倍数

用数字如 4、10、20、40 和 100 等表示.

(3) 数值孔径

物镜的数值孔径(numerical aperture)通常简写为 N.A.其值多使用数字刻在物镜外壳上,如 0.25、0.65 和 1.3 等;且它常和放大倍数写在一起,如 10/0.25,40/0.65 和 100/1.3 等.

(4) 标准机械筒长

显微镜的机械筒长,当今主要有两种标准,即 160 mm 和 170 mm,用数字刻在镜壳上,如 160、170. "∞"表示机械筒长为无限大,为某些特种显微镜的筒长. 机械筒长是指从镜筒的目镜管上缘至物镜螺旋肩的距离,以 mm 表示.

(5) 需用盖片情况

根据物镜的种类不同,镜检时在被检标本(或样本)上加或不加盖玻片.凡需加用盖玻片的物镜,在外壳上刻有所需盖玻片的厚度(mm),如 0.17;且它常与机械筒长写在一起,如 160/0.17.

160/0 或 160/:筒长 160 mm,盖片厚度为 0,即不需加用盖玻片(绝对不用盖片!).

160/—:筒长 160 mm,盖片有无皆可.

∞/0 或 ∞/—:筒长为无限大,盖玻片厚度为零或有无皆可.

(6) 物镜与被检样品间的介质情况

干燥系物镜上无介质符号标志;油浸物镜的标志为 oil、oel 和 Hi 等,并在油镜末端刻一黑环,以示油浸. 水浸物镜的标志为 W 或 Water 等. 甘油浸物镜为 Glyz 和 Glye 等.

(二) 目镜(eyepiece, ocular)

目镜作为影像和肉眼间的放大镜,将物镜映来的影像做第二次放大(见图 1-2). 同时,目镜作为物镜的补偿,把物镜残留下的像差给予进一步校正,以提高造像质量. 目镜作为投影器,把放大的影像投射在摄影暗箱的焦平面上.

目镜镜筒由两片(组)正透镜组成.上面的透镜叫接目或眼透镜(eye-lens),它决定了放大倍数和成像的优劣;下面的透镜叫会聚透镜(collective lens)或场镜(field-piece),它使视野边缘的光线向内折射,进入眼透镜中,使物体的影像均匀明亮.上下透镜的中心或物镜下面设有用金属制造的光阑,叫做视野光阑或场光阑(field stop).透镜或物镜在这个光阑面造像,在光阑上可装入各种目镜测微计、十字线玻片和指

图 1-2 目镜

针等.由眼透镜射出的成像光线基本上为平行光束,并在目镜之上约 10 mm 处交叉,此交叉点被称做出射光瞳.

镜检观察时通过目镜所窥视的圆,即目镜所围绕的范围,称做视场(field view).视场圆的直径叫做视场宽度,多用毫米表示.视场宽度与显微镜总放大率成反比,与物镜的放大率亦成反比.目镜的视场宽度依设计而不同,在同一放大率下,宽视场目镜视场最大,补偿目镜次之,惠更斯目镜最小.(请检查本实验使用的目镜的视场大小.)

目镜可分下列五种:

1. 惠更斯目镜(Huygeian eyepieces)

这种目镜是应用最广泛的目镜.其眼透镜和场透镜皆由平凸单片透镜组成.凸面镜朝下,两片透镜之间有一圆形光阑,场透镜把物镜射来的光线会聚于光阑处,眼透镜再把这一影像放大,以待观察.由于场透镜射来的是会聚光线,眼透镜可以远较场镜为小.目镜的放大率与眼透镜的直径和目镜的筒长相关.透镜直径愈小,筒长愈短,放大率愈大.此镜已逐渐被淘汰.

2. 兰姆斯登目镜(Ramsden eyepiece)

该镜亦由两片凸面相对的平凸透镜组成.眼透镜与场透镜的大小相仿.目镜光阑位于场镜下方,便于安放测微计与标线玻片.此镜在新型显微镜中已很少使用.

3. 补偿目镜(compensating eyepiece)

该镜构造复杂,专为复消色差物镜配合使用设计的.在目镜的设计上,补偿物镜残留的横向色差与之做到互补.眼透镜和场镜都由几片透镜黏合而成.因结构不同,焦平面位置有的在两组透镜之内,也有的在两组透镜之外.补偿目镜上常标有"compens"、"komp"和"C"、"K"等字样.

4. 平场目镜(plan eyepiece)

该镜从结构上也是一类补偿目镜,它纠正了像场弯曲,视场平广,但补偿不了复消色差物镜的场曲,适于同平场物镜配合使用.平场目镜日趋增多.目镜的代表符号因制造厂家的不同而别,如"PEN-PLAN"、"PLANOSCOPIC"、"PLAN"、

"KPL"、"GF"和"GW"等.

5. 摄影目镜(photographic eyepiece)

该镜是专供显微摄影使用的一种目镜.其种类繁多,每厂家皆有各自的专用摄影目镜.有的目镜为一发散光线的负透镜系统,焦点和出射光瞳在同一方,都处于镜筒之中;有的目镜把被检验样品的影像投射到距离较远的照相机机身的胶片面上.显微摄影时,物镜射出的成像光束经摄影目镜将光线发散出去,在胶片面上聚焦成像.

摄影目镜专司摄影,不能用做镜检观察.

当今,世界各国不同厂家都相继推出各自的产品,常见的有 OPTON(Leitz)、Nikon 和 Olympus 系统显微镜.

为了提高显微镜的成像质量,各厂家在物镜和目镜的制造上,采取配套设计,互补配套,共同提高.在显微镜的使用上,只有采用同一工厂生产的相同系统的物镜和目镜配套使用,方能获得最佳光学效果;否则,定会招致成像质量的降低.为了扩大显微镜市场,能在同一视场内看到更多的被检样品,现今广泛使用广视角(wide field)目镜和超广视角(super wide field 或 ultra wide field)目镜,以逐步取代普通视场目镜.

目镜的出射点或眼点(eyepoint)是成像光束射离目镜的聚焦点.镜检时,瞳孔必须与出射点重合,方能窥见像.目镜出射点随目镜放大率的增加而降低,即靠近眼透镜,镜检时眼睛必须贴近目镜,给观察者带来诸多不便,尤其不适于众多的眼睛配戴者.由于镜片的阻截,瞳孔远离射点,看不到影像;摘脱眼镜,又因视力不佳难以进行观察.为此,近些年,各厂家相继制造出多规格的高出射点(high eyepoint)目镜,出射点与眼透镜的距离大,镜检者可随意戴上眼镜进行镜检.目镜的出射点已成为目镜的性能指标之一.

(三) 聚光器(condensers)

聚光器等聚光系统使来自光源的光线放大,并聚成光束,透过载片照明样品,射入物镜.聚光器由聚光镜和孔径光阑(aperture diaphragm)构成.聚光镜属正透镜系统,由一至数片透镜组成,具会聚作用,把照明光线会聚放大,射向被检样品,进入物镜.

孔径光阑位于聚光镜下方,光阑的孔径可变,以改变照明光束的直径,调节进光量.孔径光阑的开度即聚光器数值孔径会影响显微镜的成像质量.物镜的有效数值孔径涵容聚光器的数值孔径,其关系式如下:

物镜的有效数值孔径=(物镜数值孔径+聚光器数值孔径)/2

聚光器数值孔径为 0.25~1.40.使用数值孔径超过 1.0 的油浸物镜时,聚光器也应油浸,在聚光镜的上透镜与载玻片之间要充满浸油.

聚光器种类颇多,构造各异,光学质量差别甚大.由最低级的单片透镜构成的低孔径聚光器,到多片透镜组成的消色差/消球差聚光器(achromatic/aplanatic condenser)适于不同的物镜和用途,应妥善选用.

聚光器的焦距不等.高倍物镜须用焦距较小的聚光器,低倍物镜须用焦距较大的聚光器.如用低倍物镜,没有与其相应的长焦距的聚光器时,可取下或旋出聚光器的上透镜,以提高焦距,扩大视场.例如,一般的聚光器焦距可能为 1.22 mm 左右,移开上透镜后,焦距可增至 5.5 mm.

聚光器调中、准焦后,孔径光阑的开孔要适度.开度过小,会使聚光器和物镜的数值孔径下降,影响影像的分辨率,还可能产生光的衍射,降低成像质量.开孔过大,则会造成光线充溢,产生眩光,降低影像的清晰度和反差.聚光器孔径光阑的开孔最大限度是等同于物镜的光孔,即以两者的数值孔径相等为度.

在镜检观察、显微摄影时,为提高影像的清晰度和反差,聚光器的孔径光阑不能开大.开度过大时,聚光器会出现球差和色差,因为透镜边缘残存的像差较中心为大.

二、普通光学显微镜的成像原理

(一) 照明光源

普通光学显微镜的照明光源以钨丝灯和卤钨灯为多.卤钨灯优于钨丝灯,为显微镜的主要光源.

1. 钨丝灯(tungsten lamp)

钨丝灯是老式显微镜的主要光源.它不同于一般照明灯泡,具有灯泡体积小、电压低、钨丝团成点状和照明强度大等特点.常用电压为 6~12V,功率 15~100W.灯丝小而集中成束射入光路.光强随电压的升高而加大;光源的色温(colour temperature)亦随电压的增高而升高,为 3 200~3 400K;色光为连续光谱,红橙光多,蓝紫光较少,灯光亦显黄色.钨丝灯寿命短,发光效率较低.

2. 卤钨灯(hologen lamp)

常见的卤钨灯为溴钨灯,钨丝似点状,灯壳为石英玻璃.灯泡的体积很小,似一节小手指.一般为 12V,50~100W,色光为连续光谱,色温一般为 3 200~3 400K.不要直接触摸溴钨灯的灯壳,以免污染(点燃时,污染处易焦化).污染物可用乙醇擦去.装卸灯泡时,要垫以塑料包装袋或薄纸.

(二) 科勒照明(Kohler illumination)

1893 年,德国杰出的学者 August Kohler 提出科勒照明法.其具体做法如下:在光源与聚光器之间加放一光源聚光镜(lamp condenser)和视场光阑(field diaphragm),光源聚光镜把光线集成光锥,使光源灯成像于聚光器的孔径光阑平面处;同时,聚光器又使视场光阑成像在样品平面处.这样就充分地利用了照明光源,使点状的光源达到较大的照明,从而使样品得到均匀的照明,并有利于防止高温.这对显微摄影和镜检观察至关重要.

科勒照明法是当今最佳照明法,视场照明均匀,被摄物体不受热,影像清晰.新近的显微镜照明系统已按科勒法设计装置,使用时稍加调整即达最佳照明状态.

视场的照明强度可通过升降电压来调节.

（三）光路及成像

显微镜的光路或光程(light path)即光源的通路.光路成像遵循科勒照明法.

光路始于光源灯,光束装在镜座后方的灯室(lamp housing)内.光源灯丝(S)发出的色光,由聚光透镜集成光束或光锥,经镜座中的视场光路(L),投向反光镜,呈45°折射向上入射孔径光阑,光源灯丝在此平面第一次成像(S1).透过聚光镜使光线放大、聚集、照射、照明载物台的样品,视场光阑在此平面处第一次成像(L1),即在样品聚焦的同时,可见清晰的、缩小的视场光阑的影像.成像光束继而进入物镜,在物镜的后焦面(rear focal plane)的平面处,光源灯丝第二次成像(S2).成像光束经转折进入目镜,在目镜的场光阑平面处,视场光阑第二次成像(L2).最终,成像光束从目镜眼透镜射出,在目镜的出射光瞳处,光源灯丝第三次成像(S3).视场光阑的第三次成像(L3)在人的视网膜上.在成像系统中,一个位置的改变,会引起整个成像关系的改变,光源灯前后位置的稍许位移将导致光源成像位置的变动.

科勒照明法光路成像的关键是,光源的第一次成像要聚焦在聚光器的孔径光阑平面上,视场光阑的第一次像要聚焦在被检样品平面处.整个光路成像系统是共轭关系,互相制约,一动皆变.

三、显微镜的参数

显微镜的参数是质量和性能的标志,包括分辨率、放大率、焦点深度和视场宽度等,其中最重要的是分辨率.各种参数都有一定的界限,既相互作用,又相互制约.只能顾其主要,兼及其他,综合筹统.

（一）数值孔径(numerical aperture)

物镜的数值孔径是显微镜极为重要的参数,直接决定显微镜的光学性能.它是物镜分辨本领的量度.

数值孔径(N.A.)是物镜和被检样品之间的介质的折射率(n)与物镜所接受光锥顶角(亦称孔径角)的一半 α（半孔径角）正弦的乘积.其公式如下：

$$N.A. = n \cdot \sin\alpha$$

显微镜准焦后,物镜前透镜最边缘斜光线与显微镜光轴所成夹角为 α,即物镜的半孔径角.

准焦的显微镜,在物镜前透镜与被检样品之间的一定距离,物镜只能收集从样品射出的全部光线中一个有限光锥（两个 α）.于是,角 α 或其正弦值可用来量度物镜的聚光能力,这对分辨力和影像亮度都是重要的.α 或 $\sin\alpha$ 值决定于前透镜与盖玻片间介质折射系数.使用干燥系物镜时,介质是空气,折射率为1;使用水浸系物镜时,水的折射率为1.33;使用油浸系时,油的折射率为1.515.干燥物镜的 N.A.一般为 0.05～0.95,水浸系物镜为 0.1～1.20,油浸系物镜为 0.83～1.40.

物镜的数值孔径愈大,显微镜的性能愈好,数值孔径与分辨率成正比,与焦点深度成反比.物镜的数值孔径,通常简写为"N.A."或"Num. Apert."等.N.A.值刻在物镜上,如"40/0.65"表示40倍的物镜,数值孔径为0.65.物镜的数值孔径随前透镜直径的减小而增大.显微镜物镜的前透镜口径愈小,数值孔径愈大,放大倍数愈高,价格愈高.

(二) 分辨率(resolving power)

物镜分辨力是指物镜分辨被检样品微细结构的能力.通常以能清晰地分辨两个物体点的最短距离来表示.其公式如下:

$$R=0.61\times\lambda/N.A.$$

R:分辨率(两点之间的最短距离);λ:照明光线波长;N.A.:物镜的数值孔径.

分辨率以分辨两个点的最短距离表示,R值愈小,分辨能力愈大.物镜的分辨率与照明光线及物镜的数值孔径的关系是:照明光线波长愈短,物镜的数值孔径愈大,显微镜的分辨率愈大.

照明的可见光波长范围为400~700 nm,在计算上一般取其平均值550 nm作为照明的入射光波长.

目前油浸物镜的最大数值孔径为1.4,使用可见光中波长最短的400 nm的紫色光照明,R值近0.2 μm.该值为光学显微镜所能清晰分辨两物点的最小距离,亦即分辨的最高能力.两物点距离小于0.2 μm,不能分辨,两点被看做一个点.

物镜的分辨力即显微镜的分辨率.而目镜与显微镜的分辨能力无关,它只把物像第二次放大,使之便于观察.目镜只能将物镜已经分辨的影像进行放大,无法观察到未被物镜分辨的细节.在光学成像过程中,目镜不起初始造像作用,仅作放大而已.

(三) 放大率(magnification)

显微镜最后形成的物体放大影像与被检物体的大小之比,称为放大率,即像高比物高.放大倍数以长度计算,而不是以面积或体积计算.

某些显微镜为适应不同需要,镜筒内装有倍数不同的附加透镜系统.在专用的显微摄影装置中,附有摄影透镜(photographic lens).显微摄影总放大率的计算,除目镜、物镜的放大率外,摄影透镜的放大率亦要计算在内.显微镜的总放大率(Mt)应为三者之积,即

$$Mt=Mob\times Me\times Mph$$

Mob:物镜放大率;Me:目镜放大率;Mph:摄影透镜放大率.

一般镜检观察时,摄影附加镜的放大倍率不计算在内,因它未参与造像.显微镜辨别微细结构的能力,不取决于总放大率,而归于物镜的分辨率.显微镜的总放大率绝非愈高愈好,有其适量范围:最低和最高界限.适宜的总放大率是所用物镜数值孔径的500~1 000倍,在此范围内称做有效放大率.例如,使用40/0.65物镜时,应选配的目镜倍数范围可按下列方法计算:

首先计算其有效放大倍率,即:

0.65×500~0.65×1 000=325~650

再用物镜放大倍率去除有效放大率,得

325÷40～650÷40＝8～16

因此应选配的目镜放大倍率是:8×～16×.

总之,总放大率超过物镜数值孔径的 1 000 倍时,微细结构分辨不清,为无效放大;而低于 500 倍时,由于放大率过低,肉眼难以分辨.

(四) 焦点深度(depth of focus)

当显微镜对被检样品的某一点或平面准焦时,影像的清晰范围不局限于这一点或面,在其上下的一定距离或深度内也是清晰的.这段清晰的距离或深度,就叫做焦点深度,简称焦深.焦深长表示清晰的上下范围或深度大,焦深短表示清晰的上下界限短.显微镜的焦深可变,它与物镜的数值孔径和总放大率有关.焦深与物镜的数值孔径和总放大率成反比.缩小数值孔径,影像的焦深加大;提高物镜的数值孔径,清晰深度变小.总放大率提高,焦深变小;总放大率降低,焦深加大.使用同一物镜,配用不同倍率的目镜,其焦深随目镜倍率加大而减小.

四、显微镜的使用

准确、合理地使用显微镜,是做好镜检和显微摄影的前提.

(一) 光路合轴调整

照明光束应与显微镜的光轴合一,使光源均匀地照明视场.镜检和摄影前,光路要合轴调整,使照明光束与显微镜的光轴在同一轴线上.光路系统中的目镜、物镜和视场光阑位置固定,勿需调整,仅聚光器可调.因此,光路的合轴实为聚光器和光源灯的调中.

1. 聚光器的调中

聚光器的调中步骤如下:

(1) 转动聚光器升降按钮,把聚光器升至最高位置.

(2) 接通光源灯的电源开关.

(3) 将制片标本放在载物台上,用 4× 或低倍物镜对样品聚焦.

(4) 缩小视场光阑,在视场中可见边缘模糊的视场光阑图像.

(5) 微降聚光器,至视场光阑的图像清晰聚焦为止.

(6) 用聚光器两个调中的螺杆推动聚光器,使缩小的视场光阑的图像调至视场中心.

(7) 开放视场光阑,使多角形的周边与视场边缘相接.

(8) 反复缩放视场光阑,确认光阑中心和边缘与视场完全重合.

(9) 使聚光器回复顶点位置.

在视场中,通过观察视场光阑影像的相对移动使聚光器调中,达到光轴合一.

聚光器的调中,即光路的合轴,是显微镜使用的"开始曲",每次必做,并非一劳永逸,使用聚光器常出现偏移,致使光轴歪扭.聚光器必须准确地对准中心,使光轴与显微镜光学系统的光轴合一.调中要用两个调中螺杆调整,使其移向中心位置.

聚光器调中的同时,亦要准焦,使透过聚光器的光线恰好集中照射在被检样品处或拍摄的像场上.

2. 光源灯的调中

光源灯的方位可调,灯丝的影像在光路中可见.灯丝的位置并非永居中央,在使用中随时注意调中.为保证视场的照明强度均一,必须进行灯丝的调中,使投射的光束和光轴合一.其调整方法如下:

将光源灯拧紧或插入灯座上,固紧于灯室或镜座中.转动灯座或灯室上的垂直、水平调节螺丝,使灯丝调中,位于视场中心.灯丝的图像可用以下两种方法观察:

(1)在视野光阑上面的滤色镜座上放一磨砂玻璃或乳白滤色镜,用以观察灯丝像的位置,至调中止.

(2)灯丝聚焦后,从镜筒中取下目镜,在物镜的后焦面上可见到灯丝的清晰图像.

上述两种方法中,前法可取,简便易行.

(二)物镜和目镜的选用与组合

物镜参与造像,目镜将影像二次放大,并投射到焦平面上.因此选用优质的物镜与目镜是至关重要的.

1. 优质接物镜

在诸多的物镜当中,以平场复消色差物镜为好,其镜壳上的标志为 PL·AP. OPL·FL 和 PL 亦可选用.

2. 目镜

目镜把物镜映来的影像第二次放大,并校正物镜残余下的像差,以提高成像质量.目镜作为投影器,把放大的影像投射到照相机机身的胶片上.应选用与物镜配套的目镜,各厂家都有专用的摄影目镜,不可任意滥用.

观察镜检用目镜,不能用做摄影.

3. 物镜与目镜的组合

物镜和目镜的种类繁多,怎样选用性能更佳,涉及两者的匹配或组合.要参考下述几个问题.

(1)分辨率

物镜的分辨本领是决定物镜质量的关键,它取决于物镜的数值孔径,两者呈正比.数值孔径大,分辨能力强.数值孔径与放大倍数相关.放大倍数高,数值孔径亦大.

物镜倍数	4×	10×	20×	40×	100×
数值孔径	0.1	0.25	0.40	0.65	1.25

上列数字表明,随放大倍数的加大,数值孔径相应提高,分辨能力随之增大.因此,欲提高对样品细节的分辨能力和清晰度,必须使用高数值孔径的物镜.而目镜应视影像的大小和视场宽度,选用低倍的为主.选用数值孔径不同的物镜,尽管总

放大率相等,其分辨距离相差悬殊.

(2) 有效放大率

显微镜的有效放大率为所用物镜数值孔径的 500~1 000 倍.若高于 1 000 倍,所得放大叫做"空的放大";而低于 500 倍时,总放大倍数太小,物镜分辨能力不能充分发挥,本可辨认的细节,由于倍数太小,难以分辨.

(3) 焦点深度和视场宽度

焦深大,清晰的深度大;焦深小,清晰的深度小.缺少足够的焦点深度,难把众多的影像清晰地映现在同一个视场内.数值孔径小,放大倍数低的物镜和目镜,焦深长.只有选用数值孔径小和放大倍数低的物镜和目镜,加长焦点深度,才能把处于不同水平层次的样品影像清晰地映入同一视场内.

视场宽度与显微镜的总放大率成反比.使用高倍物镜和目镜,视场缩小,难在同视场内容纳更多的影像;而改用低倍的物镜或目镜,降低总放大率,扩大视场,直接包括了所需的样品影像.

综上所述,选用物镜和目镜主要着眼于提高影像的分辨率和清晰度,兼顾焦点深度和视场宽度,即选高数值孔径的平场复消色差中、高倍油物镜,并选用相应的低倍目镜或平场目镜.焦深和视场不足时,适当调换物镜,降低数值孔径或放大倍数.

(三) 光阑及其使用

显微镜有两种光阑:视场光阑和孔径光阑.视场光阑控制照明光束,限定视场大小;孔径光阑通过光阑的缩放,限定聚光镜的孔径大小.两者皆为可变光阑(iris diaphragm).正确调节和使用光阑,是保证镜检和摄影质量的重要环节.

1. 孔径光阑的调节使用

视场内的选用不同于一般景物.其最大的区别是影像反差小,焦深浅,这可随孔径光阑的缩小而提高.孔径光阑小于物镜的数值孔径时,物像的分辨力和亮度降低,影像反差和焦点深度提高,影像更加清晰.所以,在不过多地降低分辨力的前提下,把孔径光阑调到所用物镜数值孔径的 70%~80% 较合宜.例如,物镜的数值孔径为 1.0 时,孔径光阑的数值可调到 0.7~0.8.所以,缩小孔径光阑,尽管丧失少许的分辨力,却提高了影像反差、焦点深度和清晰度.

孔径光阑的调节方法:当聚光器上标有孔径的数值时,转动调节环对准所需要的值即妥;如果不具孔径光阑数值,则在显微镜向标本聚焦后,从镜筒中取下目镜,在物镜的后焦面可见孔径光阑影像.

光阑缩至最小,视场亮度降低时,可适当提高电压,以增加照明强度.

2. 视场光阑的调节

视场光阑位于镜座中,用以控制照明光束的直径.缩小视场光阑,光束直径小于孔径光阑,视场亮度不足,影像不清晰;视场光阑开大,光束直径超出孔径光阑,因光线的乱反射,也会影响影像的清晰度.视场光阑的适宜大小,以光阑的内缘线外切孔径光阑或孔径光阑外边内接视场光阑为度.总之,孔径光阑的调节取决于所用物镜的数值孔径.当两者相等时,分辨力最高;孔径光阑适度小于物镜的数值孔径时,影像反差和焦点深度增加.视场光阑随孔径光阑而变,总是外切孔径光阑.更换物镜,数值孔径改变,孔径光阑须重新调整,视场光阑也随之改变.

(四) 盖玻片的厚度

镜检和显微摄影的样品多放在载玻片(slide glass)上,样品上覆以盖玻片(cover glass).物镜对盖玻片厚度的要求,因制造厂家而不同,通常为 0.16~0.18 mm.国际上统一规定标准盖玻片厚度为 0.17 mm.物镜对盖玻片的要求,刻在物镜的外壳上.数值孔径较小的物镜,成像质量很少受到盖玻片厚度的影响,其影响程度随倍率提高而增加.油浸物镜对盖玻片厚度无殊特要求,因为盖玻片、浸油和载玻片的折射率几乎相等,不会因盖玻片厚度而影响成像质量.除非盖玻片厚度大于工作距离,否则不考虑厚度.盖玻片过厚,在调焦时,由于物镜前透镜受阻,不能准焦;如果盖玻片封固剂太厚,相当于加厚了盖玻片的厚度.在封固样品时,需调稀树胶,覆上一薄层或给盖玻片加压,使多余的封固剂外溢,减薄厚度.盖玻片过薄,厚度在 0.15 mm 以下,物镜的成像质量也受影响,因为物镜是按标准盖玻片的厚度来设计的.

(五) 工作距离(working distance)

显微镜准焦后,物镜前透镜至被检样品上盖玻片表面的距离为工作距离,亦称自由工作距离(free W. D.),可简写为 W. D..

工作距离依物镜种类不同而异,通常小于物镜焦距.物镜的放大倍数愈大,数值孔径愈大,焦距愈短,工作距离就愈小.

作业与思考题

1. 了解聚光器与光源灯的合轴调中的独立操作.
2. 检验所用显微镜照明系统是否属科勒照明法?
3. 试比较观察孔径光阑开大和开小时视场内影像清晰度的变化.
4. 不同种类的物镜各具何特点?
5. 目镜在显微镜的成像上起何作用?
6. 聚光器的构成及其作用是什么?
7. 简述科勒照明法及其实质.
8. 显微镜的各种参数之间有何相关?
9. 如何进行光路合轴调节?
10. 物镜和目镜的选用及其组合的原则是什么?
11. 怎样调节光阑的开度?

实验二 动物细胞的基本形态与显微测量

细胞的形态千差万别,有圆球体、多面体,也有柱状体、分枝状,甚至有长度可达 1 米的细线状;细胞大小不一,直径从 10 多微米到 1 米,差别巨大.对于细胞的形态,一般采用普通光学显微镜观察、画图或者照相来描述,通过加装目镜测微尺和镜台测微尺来测量细胞的大小.

【实验目的】

观察、了解动物细胞的基本形态,掌握动物细胞临时制片的方法,学会使用测微尺,通过测量对细胞核质比进行分析.

【实验用品】

1. 器材

配有目镜测微尺的显微镜 1 台,镜台测微尺 1 个,载片 1 张,盖片 3 张,小平皿 1 个,吸水纸,牙签,人血涂片、蟾蜍血涂片、大白鼠小肠上皮细胞切片、骨骼肌切片各 1 张.

2. 试剂

1%的甲基蓝染液.

【实验内容】

一、动物细胞的基本形态观察

(一)原理

细胞的形态结构与功能相关是很多动物细胞的共同特点,这在分化程度较高的细胞表现得更为明显.这种合理性是在生物漫长进化过程中所形成的.例如:具有收缩机能的肌细胞伸展为细长形;具有感受刺激和传导冲动机能的神经细胞有长短不一的树枝状突起;游离的血细胞为圆形、椭圆形或圆饼形.

不论动物细胞的形状如何,其结构一般分为三大部分:细胞膜、细胞质和细胞核.但也有例外,例如:哺乳类动物红细胞成熟时细胞核消失.

(二)观察方法与结果

1. 人血涂片

显微镜下可见成熟红细胞呈双凹圆盘状,无细胞核;白细胞形态各异.

2. 蟾蜍血涂片

显微镜下可见蟾蜍红细胞为椭圆形,有核;白细胞数目少,为圆形.

3. 大白鼠小肠上皮细胞切片

高倍镜下观察,小肠上皮为单层柱状上皮,由大量的柱状细胞及部分杯状细胞交错紧密排列而成.

4. 骨骼肌切片

在显微镜下观察,肌细胞为细长形,可见折光不同的横纹,每个肌细胞有多个核分布于细胞的周边.

5. 人口腔上皮细胞标本的制备与观察

用牙签刮取口腔上皮细胞,均匀地涂在清洁的载玻片上(不可反复涂抹),滴一滴甲基蓝染液,染色 5 min,盖上盖玻片(用镊子轻轻夹住盖玻片的一端,将其对侧先接触载玻片染液,使其与载玻片呈小于 45°的角度慢慢倾斜盖下,以防气泡产生),吸去多余染液.显微镜下观察可见,覆盖口腔表面的上皮细胞为扁平椭圆形,中央有椭圆形核,被染成蓝色.

二、测微尺的使用

(一)原理

测微尺分目镜测微尺和镜台测微尺,两尺配合使用.目镜测微尺是一个放在目镜像平面上的玻璃圆片.圆片中央刻有一条直线,此线被分为若干格,每格代表的长度随不同物镜的放大倍数而异.因此,用前必须测定.镜台测微尺是在一个载片中央封固的尺,长 1 mm(1 000 μm),被分为 100 格,每格长度是 10 μm.

(二)方法

1. 将镜台测微尺放在显微镜的载物台上夹好,小心转动目镜测微尺和移动镜台测微尺,使两尺平行,记录镜台测微尺若干格所对应的目镜测微尺的格数.

2. 按下式求出目镜测微尺每格所代表的长度

目镜测微尺每格所代表的长度(μm)=镜台测微尺的若干格数/对应的目镜测微尺的格数×10

三、测量人口腔上皮细胞

从显微镜载物台上取下镜台测微尺,换上人口腔上皮细胞标本,测量细胞、细胞核的长短径.

作 业

1. 分别求出使用低倍镜(10×)、高倍镜(40×)时目镜测微尺每格所代表的长度:

低倍镜:目镜测微尺每格所代表的长度=　　　　×10(μm)=　　　　(μm)

高倍镜:目镜测微尺每格所代表的长度=　　　　×10(μm)=　　　　(μm)

2. 绘制所观察到的人口腔上皮细胞并注明基本结构.
3. 计算人口腔上皮细胞的核质比例.

　　计算细胞或细胞核体积的公式:

　　圆　形:$V=\dfrac{4}{3}\pi r^3$(r 为半径);

　　椭圆形:$V=\dfrac{4}{3}\pi ab^2$(a、b 分别为长、短半径);

　　核质比:$N/D=V_n/(V_c-V_n)$(V_n 为核的体积,V_c 是细胞的体积).

实验三　细胞器的显示与观察

对于叶绿体这类本身有颜色的大型细胞器,可以在显微镜下直接观察其形态.一般的动物细胞内不能直接观察到细胞器,但是通过特定的染色方法,可以看到某些动物的细胞器.例如:用银染法可观察到清晰的高尔基体,用詹纳斯绿 B(Janus Green B)使线粒体染色,用铁-苏木精来显示中心体等.

【实验目的】

掌握光镜下线粒体、高尔基复合体和中心体等细胞器的形态和分布,初步掌握某些细胞器的活体染色方法.

【实验原理】

真核细胞中存在着多种具有特殊形态结构和功能的细胞器,如线粒体、高尔基复合体、内质网、溶酶体、中心体、微管、微丝和核糖体等.这些细胞器中有的经过特殊的染色后在光镜下就可被观察到,而有些细胞器由于体积非常微小只有在电镜下才可见到.

在光镜下可见线粒体常呈颗粒状、棒状或弯曲的线状(见图 3-1).线粒体的形态和数量随不同生物、不同组织及不同生理状态而变化.例如:肝细胞、胰细胞的线粒体通常呈线状,成熟的卵细胞内线粒体呈颗粒状,肾细胞内的线粒体常呈棒状.线粒体含有细胞色素氧化酶系统,当用 Janus Green B 专一性地对线粒体进行活体染色时,其线粒体内膜和嵴膜的细胞色素氧化酶可使 Janus Green B 染料始终处于氧化状态而呈蓝色,而在线粒体周围的细胞质中的 Janus Green B 被还原为无色.用特殊的固定液染色处理动物的组织或细胞后,也可显示出线粒体的形态.线粒体的组成成分主要是脂蛋白,脂类又以磷脂为主.由于线粒体中蛋白质、磷脂含量很高,故有大量的羧基和磷酸基阴离子基团,使带阳离子的铁、苏木精很容易与其结合而着色,使线粒体显现出来.

高尔基复合体用硝酸钴固定后,再经硝酸银染液浸染制成永久切片.由于组成高尔基复合体的物质具有还原银盐的能力,可使其呈现棕褐色沉淀,因而能显示出高尔基复合体的形态和位置.

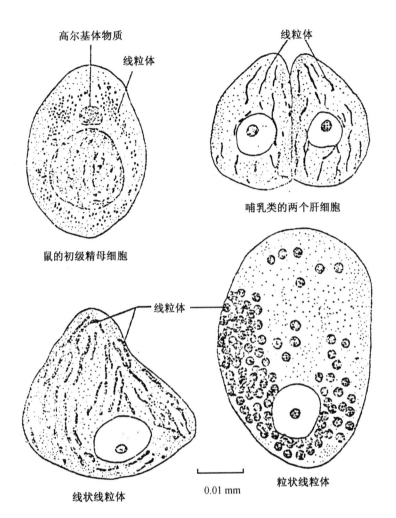

(线状线粒体与粒状线粒体,二者的形态改变可能与细胞活动时期有关)

图 3-1　线粒体的形状

【实验器材与试剂】

1. 器材

光学显微镜、载玻片、盖玻片、吸管、小镊子、吸水纸、人口腔上皮细胞、大鼠肝脏切片、兔脊神经节切片、马蛔虫子宫切片、小白鼠。

2. 试剂

中性红-詹纳斯绿 B 染液、Ringer 液。

3. 试剂的配制

(1) 中性红-詹纳斯绿 B 染液

① 5.18% 的詹纳斯绿饱和溶液　　　　　　　3 滴

100%的詹纳斯绿饱和溶液	5 mL
中性红(1∶15 000)	1 mL
② 5.65%的中性红饱和水溶液	20～30 滴
100%的乙醇	5 mL

将①和②液混合在一起,即配成所需的中性红-詹纳斯绿 B 染液. 此混合液染料不稳定,在 24 h 之内可发生沉淀.

(2) Ringer 液

分别称取 NaCl 8.05 g,KCl 0.42 g,$CaCl_2$ 0.18 g,溶于 100 mL 蒸馏水中.

【方法与步骤】

一、线粒体的观察

1. 人颊黏膜上皮细胞活体染色显示线粒体

(1) 将载玻片平放在操作台上,滴 3～4 滴中性红-詹纳斯绿 B 染液于载玻片中央.

(2) 用消毒牙签刮取口腔黏膜细胞,用力应稍重些,以便得到生活力较旺盛的细胞,然后将刮取物小心地混合于载玻片上的染液中,盖上盖玻片.

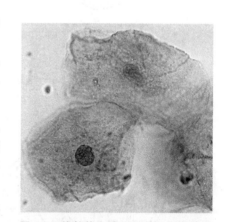

图 3-2 线粒体和液泡系的活细胞染色

(3) 2～3 min 后用显微镜观察,在高倍镜下可见颊黏膜细胞质中散在一些被染成亮绿色的短杆状和圆形颗粒,即为线粒体(图 3-2).

2. 鼠肝细胞活体染色显示线粒体

(1) 用颈椎脱白法处死小白鼠,立即剖开腹腔取出肝脏,切取肝脏边缘较薄的肝组织一小块,立即放入盛有詹纳斯绿 B 染液的小培养皿内. 注意染液不要太多,要使肝组织的上半部分暴露在空气中,而不可使组织块完全淹没,这样细胞内线粒体的酶系可被充分氧化而使线粒体易于着色. 染色处理的时间一般在 30 min 左右,当组织块的边缘已被染成蓝绿色时即可.

(2) 用两根解剖针从组织块上分离细胞,即:用一根解剖针压住组织块,用另一根解剖针往一个方向挑取组织块边缘的细胞.

(3) 用小吸管将分离下来的细胞吸到载玻片中央的 Ringer 液中,盖上盖玻片,这样肝细胞临时标本就制备好了.

(4) 将制好的标本放在光镜下,先用低倍镜和高倍镜找到肝细胞,然后转换成油镜仔细观察. 在油镜下可见肝细胞中的线粒体被染成蓝绿色,呈线条状或颗粒状,在细胞核周围分布较多(图 3-3).在观察时,注意要不断地缓慢来回转动细调焦螺旋,使盖玻片可以上下缓慢地移动,这样可使肝细胞经常得以氧化,从而使线粒体能较好地着色,有利于观察.

二、高尔基复合体的观察

将兔脊神经节切片标本(或豚鼠脊神经节切片)先置于低倍镜下观察,可见到神经节内有许多淡黄色圆形或椭圆形的神经节细胞(感觉神经细胞).将轮廓清晰而完整的细胞移至视野中央,换高倍镜仔细观察,可见淡黄色的细胞中央有一圆形或椭圆形的

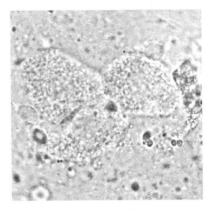

图 3-3 小鼠肝细胞

核,细胞核染色较浅或未染色,或略带粉红色,其中有时可见一粉红色圆点即为核仁.转换油镜观察,可清楚地看到高尔基体分布于核周围的细胞质中,高尔基体被染成棕褐色,呈线状、点状,或卷曲成网状(图 3-4).

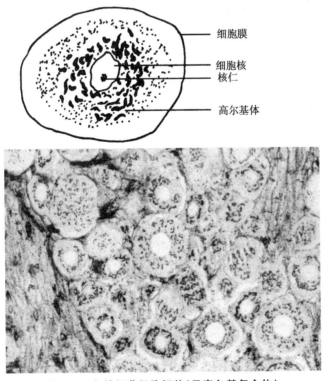

图 3-4 兔神经节细胞切片(示高尔基复合体)

三、中心体的观察

观察马蛔虫子宫的横切片标本(铁-苏木精染色),可见处于分裂中期的马蛔虫

卵细胞的两极各有一个染色极深的小黑点,此即中心粒(centriole).中心粒周围有一圈明亮的细胞质,即为中心球(centriosphere).中心粒和中心球合称为中心体(centrosome)(图3-5).在中心球的外周有放射光芒的星丝,称为星射线.中心体在一般的间期细胞中不易观察到,但在细胞进行分裂时却特别明显.在两中心体之间可见到由许多微管构成的纺锤体(spindle).

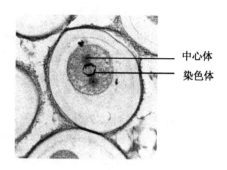

图3-5 马蛔虫受精卵细胞的分裂(示中心体)

作 业

1. 绘图表示线粒体在光学显微镜下的形态结构.

实验四　临时制片方法及细胞形态的观察

在细胞学研究中,有时需要快速鉴定细胞的类型.常规的石蜡切片需要1周的时间,满足不了病理诊断的需要.采用整体装片、冰冻切片和涂布抹片等临时制片方法可以达到快速鉴定的目的.配合一定的染色方法,能够实时观察细胞的外部形态和内部结构,了解其所处的状态,并迅速诊断出病因,以利于治疗.

【实验目的】

掌握制片方法的过程,能熟练辨别细胞形态.

【方法与步骤】

一、整体装片制作法

整体装片制作法可以用于封固小型动植物的整个身体或个别组织和器官,所需的仪器、药品及方法都比较简单,制成永久装片后能长期保存.将微小生物或器官装于载玻片上做成的玻片标本可用以观察生物体的细微结构.通常用于装片的微小生物体有衣藻或丝状的藻类、菌类及蕨类的原叶体、孢子囊,纤细的苔藓植物,被子植物的表皮、花粉粒,以及幼小的器官等.在动物中,可以用微小的草履虫、水螅等材料,或昆虫的翅、口器等.人体某一器官的一部分,如口腔上皮细胞也可作为装片的材料.这种方法不必经过切片手续就可在显微镜下显示各部分的结构.装片可分为临时装片和永久装片两种.永久装片需经过脱水、透明和封固等过程.

1. 材料与器具

水螅、玻璃缸、表面皿、吸管、70%的无水乙醇、氨水、1%的盐酸、二甲苯、波因(Bouin)固定液、硼砂洋红染液.

2. 步骤

(1) 波因固定液的配制:75 mL 苦味酸饱和水溶液中加入 25 mL 甲醛,在临用时再加入 5 mL 冰乙酸.

(2) 固定:先在表面皿里放少量水,然后用吸管把水螅从培养缸中吸出,放在表面皿内.等水螅身体和触手慢慢伸展后,用加热的波因固定液(30～34 ℃)固定 4～8 h.固定液要多一些,倾倒时要迅速.也可用吸管吸取加热的波因固定液浇射在水螅身上.浇射的方向必须从基部到触手端;浇射的时间必须极短;不要把固定液滴入水内,这样水螅才不至于收缩.

(3) 将固定好的水螅浸入 70% 的乙醇中,每天更换一次 70% 的乙醇,直到洗去标本上因固定液而染上苦味酸的黄色为止.如果需要快一些去色,可以加 1～2

滴氨水.如果使用氨水去色,则在黄色除去后,仍应更换两次70%的乙醇,以除去氨水的碱性.

(4) 染色:将去色后的水螅浸入硼砂洋红染液中,染 24 h.

(5) 褪色:用 1%的盐酸乙醇褪色 0.5～1 min,褪到内部器官能看清楚为止.

(6) 脱水:依次浸入 70%的乙醇、80%的乙醇、95%的乙醇及无水乙醇中脱水.

(7) 透明:用二甲苯透明.中途更换一次新液,至透明为止.

(8) 封片:用树胶封片.树胶可以浓一些.

3. 注意事项

(1) 制作水螅整体装片最重要的步骤是固定.如果这一步骤处理不好,水螅的触手和身体都会收缩,制成的标本就不能使用,所以采取有效的方法来固定是成功的关键.

(2) 在制作水螅装片时要非常小心,稍不注意就会弄碎或折断触手,特别在二甲苯中更容易弄碎或折断,所以在整个制作过程中,尽可能少用镊子夹镊,也不宜多次更换盛器,最好只换溶液(如乙醇、二甲苯)而不换盛器.

(3) 褪色时,标本不能在盐酸乙醇中停留过久,否则颜色会全部褪尽.

二、涂片制作方法

(一) 涂片前准备工作及涂片方法

1. 涂片前准备工作

(1) 保证标本新鲜,取材后尽快制片.

(2) 动作要轻巧,避免挤压,以防损伤细胞.涂片要均匀,厚薄要适度.太厚会出现细胞堆叠,太薄则细胞过少,均影响诊断.

(3) 玻片要清洁无油渍,先用硫酸洗涤液浸泡冲洗,再用 75%的乙酸浸泡.

(4) 含蛋白质的标本可直接涂片;缺乏蛋白质的标本,涂片前应在玻片上涂一薄层黏附剂,以防染色时细胞脱落.常用黏附剂为蛋白甘油,由等量生鸡蛋白和甘油混合而成.

(5) 每位患者的标本至少涂两张玻片,以避免漏诊.涂片后立即在玻片一端标上编号.

2. 涂片制备方法

(1) 推片法:用于稀薄的标本,如血液,胸、腹水等.具体方法是:取离心后标本一小滴滴在玻片偏右端,用推片以 30°的夹角将玻片上待检液轻轻向左推即成.

(2) 涂抹法:适用于稍稠的检液,如鼻咽部标本.具体方法是:用竹棉签在玻片上涂布,由玻片中心以顺时针方向外转圈涂抹,或从玻片一端开始平行涂抹.涂抹要均匀,不宜重复.

(3) 压拉涂片法:将标本夹于横竖交叉的两张玻片之间,然后移动两张玻片,使之重叠,再边压边拉,即可获得两张涂片.该法适用于较黏稠的标本,如痰液.

(4) 吸管推片法:用吸管将标本滴在玻片一端,然后将滴管前端平行置于标本滴上,平行向另一端匀速移动滴管即可推出均匀薄膜.此法亦适用于胸、腹水标本.

(5) 喷射法:指用配细针头的注射器将标本从左至右反复均匀地喷射在玻片上的一种方法.此法适用于各种吸取的液体标本.

(6) 印片法:将切取的病变组织用手术刀切开,立即将切面平放在玻片上,轻轻按印即可获得涂片.此方法为活体组织检查的辅助方法.

(二) 涂片的固定

固定(fication)的目的是保持细胞的自然形态,防止细胞自溶和由细菌所致的腐败.固定液能沉淀和凝固细胞内蛋白质和破坏细胞内溶酶体酶,使细胞不但保持自然形态,而且结构清晰,易于着色.因此标本愈新鲜,固定愈及时,细胞结构愈清晰,染色效果愈好.

1. 固定液

细胞学检查常用的固定液有下列三种:(1) 乙醚乙醇固定液:该固定液渗透性较强,固定效果好,适用于一般细胞学常规染色;(2) 氯仿乙醇固定液:又称卡诺固定液,其优点同(1);(3) 95%的乙醇固定液:适用于大规模防癌普查,制备简单,但渗透作用稍差.

2. 固定方法

(1) 带湿固定:涂片后未待标本干燥即行固定的方法,称带湿固定.此法固定细胞结构清楚,染色新鲜.适用于巴氏或 HE 染色.痰液、阴道分泌物及食管拉网涂片等常采用此方法.

(2) 干燥固定:指待涂片自然干燥后再行固定的方法.此法适用于稀薄标本,如尿液、胃冲洗液等,也适用于瑞特染色和姬姆萨染色.

3. 固定时间

一般为 15～30 min.含黏液较多的标本,如痰液、阴道分泌物、食管拉网等,固定时间可适当延长;尿液、胸腹水等涂片不含黏液,固定时间可酌情缩短.

(三) 涂片的染色

1. 染色的目的和原理

染色的目的是借助于一种或多种染料,使组织和细胞内结构分别着不同的颜色,这样在显微镜下就能清楚地观察细胞内部结构,作出正确判断.

组织细胞染色原理至今尚无满意的解释,可能是物理作用,也可能是化学作用,或者是两者综合作用的结果.染色的物理作用是指利用毛细管现象,渗透、吸收和吸附作用,使染料的色素颗粒牢固地进入组织细胞,并使其显色.染色的化学作用是指渗入组织细胞的染料与其相应的物质起化学反应,产生有色的化合物.

各染料都具有两种性质,即产生颜色和与特定物质形成亲和力.这两种性质主要是由发色基团和助色基团产生的.

发色基团:苯的衍生物具有可见光区吸收带,这些衍生物显示的吸收带与其共价键的不稳定性有关.例如:对苯二酚为无色,当其氧化后失去两个氢原子,其分子则变为显黄色的对醌,这种产生颜色的醌式环称为发色基团.若一种化合物含有几个环,只要其中有一个醌式环,就会发出颜色,称此发色基团为色原(chromogen).

助色基团:一种能使化合物产生电离作用的辅助原子团(酸碱性基团).它能使染色的色泽进一步加深,并使其与被染色组织具有亲和力.

助色基团的性质决定染料是酸性还是碱性.碱性染料具有碱性助色基团,在溶媒中产生的带色部分为带正电荷的阳离子,可与组织细胞内带负电荷的物质结合而显色.如细胞核内的主要化学成分脱氧核糖核酸易被苏木素染成紫蓝色,称嗜碱性.酸性染料具有酸性助色基团,在溶媒中产生带色部分为阴离子,易与组织细胞内带正电荷部分结合而显色,此性质被称为嗜酸性,如细胞浆内主要成分为蛋白质,易与伊红或橘黄结合而呈红色或橘黄色.

2. 常用染色方法

临床日常工作中较为常用的染色方法有下列三种:

(1)巴氏染色法:本法染色的特点是:细胞具有多色性,色彩鲜艳多彩;涂片染色的透明性好,胞质颗粒分明,胞核结构清晰,如鳞状上皮过度角化细胞的胞质呈橘黄色,角化细胞显粉红色,而角化前细胞显浅绿色或浅蓝色;适用于上皮细胞染色或观察阴道涂片中激素水平对上皮细胞的影响.此方法的缺点是染色程序比较复杂.

(2)苏木精-伊红(hemotoxylin eosin,HE)染色法:该方法染色透明度好,核与胞质对比鲜明;染色步骤简便,效果稳定;适用于痰液涂片;细胞核呈紫蓝色,胞质淡玫瑰红色,红细胞呈淡朱红色.

(3)瑞特-吉姆萨染色法(wright giemsa stain):本方法多用于血液、骨髓细胞学检查;胞质内颗粒与核质结构显示较清晰,操作简便.

常用的细胞染色方法还有下列几种:

福尔根(Feulgen)反应:可以特异显示 DNA 的分布.酸水解可以去除 RNA,仅保留 DNA 上嘌呤脱氧核糖核苷酸的嘌呤,使脱氧核糖的醛基暴露.所暴露的自由醛基与希夫试剂发生反应而呈紫红色.

PAS 反应:可确定多糖的存在.其原理同样是利用希夫试剂与醛基之间的反应,这时的醛基来自过碘酸氧化多糖的 1,2—乙二醇基,使醛基释放.

四氧化锇与不饱和脂肪酸反应呈黑色,用以证明脂肪滴的存在.苏丹Ⅲ(深红色)通过扩散进入脂肪滴中,使脂滴着色.苏丹黑也溶于磷脂和胆固醇,产生较大的颜色反差.

蛋白质成分的检测有多种方法.米伦反应中,氮汞试剂与组织中的蛋白质侧链上的酪氨酸残基起反应,形成红色沉淀.在重氮反应中,氢氧化重氮与酪氨酸、色氨酸和组氨酸发生反应形成有色的复合物.蛋白质中的 $-SH$ 基可用形成硫醇盐共价键的试剂进行检测.

三、冰冻切片

冰冻切片是指在低温恒冷条件下使组织迅速冷冻达到一定硬度而制成的切

片.其组织不需经任何处理,组织中的脂类、酯、糖、抗原等化学成分不会受到影响而得以保存.适用于脂类、酶、糖原、抗原抗体等检测.

取出标准范围(厚度<2 mm,长度为 1~1.5 cm)的组织进行冰冻切片.

(一)切片

进行冷冻时,必须在组织的上、下方加入适量的 OCT 包埋剂(为聚乙二醇和聚乙烯醇的水溶性混合物),使组织上、下方有一定的边.进行切片时,应将组织大面放在横位,以避免切片时组织皱缩.切好的片必须跟组织相似,完整,以免漏诊.贴附组织时手不能颤抖,要有一个向下伸展的动作.

(二)固定

固定液要求现配现用,固定的时间不能少于 2 min.

常用的固定液有:

(1) 95%的乙醇 85 mL、甲醛 10 mL、冰醋酸 5 mL.

(2) 95%的乙醇 100 mL、冰醋酸 3~5 滴.

(三)染色

染液的选择用 Harris 苏木素.此种染色液着色快、染色效果好,但反复加热此液会有一定的苏木素沉渣,所以要求每天更换新的苏木素.每一张冰冻切片染好后都必须置于显微镜下观察.染色过深时可用1‰的盐酸分化,染色过浅则必须重染苏木素.

(四)不同组织的切片方法及注意事项

1. 皮肤组织

皮肤切片时应将表皮朝上,真皮朝下,先切较软的部分,依次切真皮、表皮,同时用毛刷轻轻展开切片,这样才能获得完整的切片.

2. 脂肪组织

在有脂肪组织的情况下,需要增加冷冻时间,也可增加切片厚度.染色时切片会脱落,一般不需加热.

3. 淋巴结组织

淋巴结切片时,须贴附两张不同厚度的组织,分别为 5 μm 和 7 μm,整个染色过程须保持切片湿润,封片时须用二甲苯透明.

4. 甲状腺组织

甲状腺组织很脆,切片时会造成空洞,可用刷子或手触摸组织,并减慢摇手速度;染色时不能过度冲水,以免甲状腺组织中的胶质流失.对甲状腺微小癌的组织,切片时肿物一旦暴露,应先贴附组织 1~2 张,避免将肿物修掉.

5. 子宫组织

子宫组织较硬,冰冻时间不宜过长,一般冻八成状态时切片效果最佳.先用旧刀粗修组织面,待组织完全暴露后,再用新刀切成完整的切片.贴附组织片时动作要轻,否则组织会产生很多气泡.

6. 切缘组织

肿瘤切缘切片时,更要注意完整性;染色时尽量不要加热,否则很容易脱片.

四、植物徒手切片的制作

(一)实验目的

1. 熟练掌握徒手切片的方法.

2. 了解永久制片的简易制作过程,为今后学习和研究植物的内部结构奠定基础.

(二)实验器具与试剂

1. 器具

显微镜、刀片、小培养皿、镊子、毛笔、吸水纸、纱布、载玻片、盖玻片等.

2. 试剂

10%的番红水溶液、0.5%的固绿(用95%的乙醇配制)、乙醇(100%、95%、80%、70%、50%)、二甲苯、蒸馏水、甘油、中性树胶等.

(三)实验材料

幼嫩植物各部分(根据季节选择材料),支持物(通草、萝卜或马铃薯).

(四)实验方法与步骤

徒手切片是植物形态解剖学实验教学中最简便的一种切片方法.其优点是:工具简单,方法简便易学,所需时间短,即切即可观察;若需染色制成永久片,花时也不长.另一个独特优点是,可看到自然状态下的形态与颜色.

因徒手切片具备上述优点,因此应用普遍.不仅适用于基层单位观察研究时,也适用于中学的生物教学.其步骤如下:

(1)将培养皿中盛上蒸馏水(或清水).

(2)切片:视材料而定.

① 如果所切的材料大小、硬度适中,例如一般草本植物的根、茎、叶柄等,可直接用手拿着材料切.

② 如果材料太小、太软或太薄,像叶片、小根、小茎之类,就要用支持物夹着材料去切.萝卜、胡萝卜的贮藏根,马铃薯的块茎或通草等均可用做支持物.切片时,先把支持物切成小块或小段,并从中间劈开一小段,再把材料切成适当的长度或大小,夹入支持物内(如需要材料的横切面,则直夹入支持物内;需要纵切面则横夹)进行切片.

③ 如果材料太硬,像木本植物的茎或木材,切片很困难,需先进行软化处理.即将材料切成小块,用水反复煮沸,然后放入50%的甘油液中(用蒸馏水配制),数周后取出切片.浸润时间的长短,随材料的大小和硬度而定.

切片时,如切草本植物的幼茎,先将材料切成长约3 cm的小段.用左手三个指头夹住材料,并使其高出手指,拿正,以免切伤手指.右手持刀片(刀锋要快),平放在左手的食指之上,刀口向内,且与材料断面平行.左手不动,然后右手用臂力(不要用腕力)自左前方向右后方拉刀滑行切片,既切又拉,充分利用刀锋把材料切成正而平的薄片(见图 4-1).

连续切下数片后,用湿毛笔将切片从刀片上轻轻地移入盛水的培养皿.切到一定数量后,进行选片.

在切片过程中要注意刀片与材料始终带水.这样既增加刀的润滑度,又可以保持材料湿润,不至于因失水而使细胞变形及产生气泡.刀片用后应立即擦干,在刀口涂上凡士林或机油后包好,以免生锈.

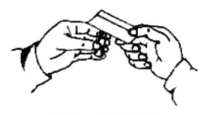

图 4-1　徒手切片姿势

(3)选片:用毛笔从培养皿中挑选出正而薄的切片,进行临时装片,置于显微镜下观察.如果是支持物夹着切的,选片时应先将支持物的切片选出后再进行选片.如果切片需要染色和保存下来,应先固定.关于固定液的选择和染色的方法,请参看后面的石蜡切片法.本实验采用一种简便而常用的方法,供同学们熟悉一下切片制成永久制片的过程.其步骤如图 4-2 所示:

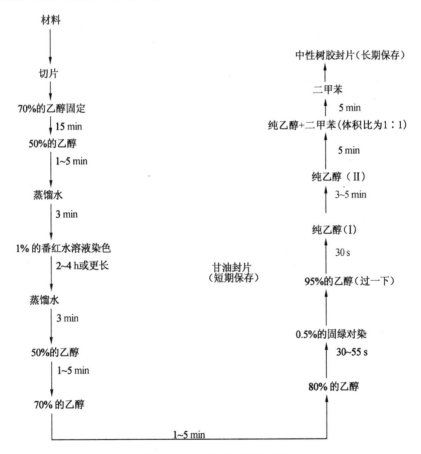

图 4-2　永久切片的制作过程

(4) 切片的方向——三种切面

① 横切面:指垂直于茎或根的长轴而切的切面(图 4-3a)。

② 径向切面:指通过中心而切的纵切面(图 4-3b)。

③ 切向切面(弦切面):指垂直于半径而切的纵切面(图 4-3c)。

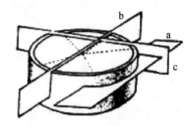

a. 横切面；b. 径向切面；c. 切向切面

图 4-3 切片的三种切面

作业与思考题

1. 将自己做的切片(根、茎、叶均可)选择一片最好的请老师检查,然后绘制部分详图,并引注各部分名称及标题。

2. 切片时要注意哪些问题？

3. 什么样的切片是好的切片？

实验五　细胞骨架标本的制备及观察

　　细胞骨架是存在于真核细胞胞质中的复杂的纤维蛋白网络,按纤维直径、组成成分和结构的不同分为微管(microtubule)、微丝(microfilament)和中间纤维(intermediate filament).与其他结构相比,细胞骨架系统在形态和结构上具有弥散性、整体性和动态性等特点.它们不仅是活细胞的支撑结构,而且在细胞的各种生理活动中发挥着重要作用.

【实验目的】

　　掌握用光学显微镜观察植物细胞骨架的原理及方法;观察光学显微镜下细胞骨架的网状结构.

【实验原理】

　　细胞骨架(cytoskeleton)是由微管、微丝和中间纤维组成的复杂网状结构,它们对细胞形态的维持,细胞的生长、运动、分裂、分化,物质运输,能量转换,信息传递,基因表达等起重要作用.植物细胞用适当浓度的 Triton-100 处理后,可破坏细胞内的蛋白质,但细胞骨架系统的蛋白质却保存完好.考马斯亮蓝 R250(Coomassie brilliant blue R250)是一种蛋白质染料.处理后的材料用考马斯亮蓝染色后,在光学显微镜下观察,可以见到一种网状系统(图 5-1),即细胞骨架结构.

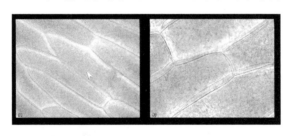

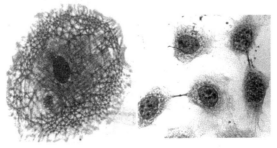

图 5-1　光学显微镜下的细胞骨架结构

【实验用品】

1. 材料

洋葱鳞茎.

2. 试剂

(1) 2%的考马斯亮蓝 R250 染色液:称取考马斯亮蓝 R250 1 g,溶于 250 mL 无水乙醇中,加冰醋酸 35 mL,再加蒸馏水至 500 mL.

(2) 磷酸缓冲液(pH6.8):6.8 mmol/L 的磷酸缓冲液,调至 pH6.8.

(3) M 缓冲液(pH7.2):50 mmol/L 咪唑、50 mmol/L 氯化钾、0.5 mmol/L 氯化镁、1 mmol/L 乙二醇双乙胺醚、0.1 mmol/L 乙二胺四二醚、1 mmol/L 巯基乙醇,调至 pH7.2.

(4) 1%的 Triton X-100:用 M 缓冲液配制.

(5) 3%的戊二醛:用 M 缓冲液配制.

(6) 中性树胶.

3. 器具

显微镜、烧杯、玻璃滴管、载玻片、盖玻片、镊子.

【实验步骤】

1. 用镊子撕取洋葱鳞茎内侧的表皮若干片(约 1 cm² 大小),置于 50 mL 的烧杯中,加入 pH 6.8 的磷酸缓冲液,使其下沉.

2. 吸去磷酸缓冲液,用 1%的 Triton X-100 处理 20 min.

3. 吸去 1%的 Triton X-100,用 M 缓冲液洗 3 次,每次 5 min.

4. 用 3%的戊二醛固定 30 min.

5. 用磷酸缓冲液(pH6.8)洗 3 次,每次 5 min.

6. 用 2%的考马斯亮蓝 R250 染色 10 min.

7. 用蒸馏水洗 2 次,然后将样品置于载玻片上,加盖玻片,于普通光学显微镜下观察.

8. 如果染色效果好,则可依次用 50%的乙醇、70%的乙醇、95%的乙醇、正丁醇、二甲苯处理样品,各 5 min.然后将样品平展于载玻片上,加 1 滴中性树胶,盖上盖玻片封片,制成永久标本.

作业与思考题

1. 描绘所观察到的洋葱鳞茎细胞骨架图.
2. 如何分析细胞骨架的成分?

实验六　植物有丝分裂的孚尔根(Feulgen)核染色观察

细胞染色技术通常用来鉴定不同的细胞类型,区分细胞成分、细胞器及细胞颗粒等.一般细胞染色技术存在因细胞水分多、自然反差小而区分度低等问题(植物中的叶绿体和细胞壁例外).特定的染色技术不仅可对细胞类型、细胞结构、细胞特点加以区分(如Wright's stain),还可以对特定细胞的化学成分加以区分(如过碘酸PAS的糖染色,Feulgen反应的DNA染色).Feulgen DNA染色反应是1924年由Feulgen和Rossonbek提出并已广泛用于鉴别DNA的一种特异性检查方法.其优点是:组织软化好、易于压片,制片清洁,染色体清晰,还可以对染色体DNA的含量进行测定.其缺点是:染色体较软、容易缠绕、不易分散,在加强前处理使染色体缩短的情况下可获得较好的效果;另外,对小型染色体的材料效果较差.这一方法在切片、涂片上研究核及染色体时,能减少细胞质着色对观察的影响,因此这一方法在细胞学研究中受到了普遍的重视.

【实验目的】

学习和掌握对植物组织及细胞中鉴定DNA分布的孚尔根(Feulgen)反应染色方法,以及制片或染色体处理的压片方法.

【实验原理】

孚尔根染色法是鉴别细胞中DNA反应的组织化学方法.细胞核内组成染色体的双螺旋DNA分子在1 mol HCl、60 ℃条件下水解时,可部分地破坏脱氧核糖与嘌呤碱之间的糖苷键,从而使嘌呤碱脱掉,核糖的C_1上潜在的醛基呈游离状态.此时,偏重亚硫酸钠(钾)和碱性品红配制成的无色亚硫酸品红(称为Schiff试剂),可使DNA分子着色.其原理是:偏重亚硫酸钠与盐酸能产生亚硫酸根,当具有醌式结构的碱性品红分子与亚硫酸根结合后,醌式结构的共轭双键被打开,碱性品红变为无色;当无色的亚硫酸品红去染酸解的细胞时,就会与染色体DNA上游离的醛基结合,则又呈现红色的醌式结构.Feulgen核染色鉴定染色体技术成熟,方法简便易行,至今仍作为染色体核型分析的有效手段.

影响孚尔根反应的主要因素有以下几个方面:

(1) 水解时间和温度:水解适当时,染色体着色较深而细胞质不显颜色,会显现良好的效果.水解的温度和时间要因材料而异.一般以洋葱根尖为材料,水解温度应保持在(60±0.5)℃,20 min.温度过低或时间过短,醛基暴露不充分,即水解不足,染色体着色浅淡,染色会过浅;若温度过高或时间过长,会造成酸解过度,使

DNA完全解聚,糖与醛基之间的键被破坏,游离的核酸分子会扩散到细胞质中,从而造成染色浅或不均的现象或细胞不着色.

(2) 固定液的成分:细胞组织固定液不同,常出现不同的颜色反应.含铬酸的固定液固定的组织细胞产生红色;乙醇-醋酸固定液产生红色、紫红色,只用乙醇的呈现紫色;用含甲醛的固定液则呈现强烈的紫红色.当需要对染色体中的DNA定量时,一般只能用不含金属离子和甲醛的固定液,如乙醇-醋酸固定液等.

(3) SO_2含量:本染色技术的染色剂是无色亚硫酸品红,也称为Schiff试剂. Schiff试剂中的SO_2含量也影响孚尔根反应的显色. SO_2含量低时呈红色,含量高时则偏蓝色.这是因为核酸的水解有两个过程:第一,嘌呤碱迅速脱掉,脱氧核糖中潜在的醛基显露出来.第二,组蛋白和核酸越来越多地被除掉.在短时间的水解作用以后,第一个过程占优势,这时候用Schiff试剂染色,染色体的染色作用最强.随水解作用的继续进行,第二个过程逐渐变成优势,因此水解液中的Schiff反应增强,而染色体中的Schiff反应减弱.最后,第二个过程超过第一个过程时,染色体也随之停止反应. RNA分子中也有嘌呤碱,那么经酸解后,用Schiff试剂染色时, RNA分子着色.这是由于在酸解的情况下, RNA分子较DNA分子稳定,它的醛基难以游离出来.所以,利用孚尔根法染色时,只能使DNA分子着色而不能使RNA分子着色.

(4) 染色质中DNA的含量:供试材料的染色质中DNA含量的不同是影响显色反应强度的根本因素.不同生物和不同的组织与细胞中DNA含量不同,显色强度也各异,并且二者之间是正相关的.由于上述因素,具有大、中型染色体的材料(如百合科及部分禾本科植物材料)适于孚尔根染色法,而具有小型染色体的材料(特别如玉米、水稻等)一般不适于孚尔根染色法.

【实验器材与试剂】

1. 材料

洋葱、大蒜等的根尖.

2. 器具

水浴锅(60 ℃水浴)、100 ℃的温度计、试管、吸管、滤纸条、暗箱.

3. 试剂

1 mol HCl,45%的醋酸、0.2%的秋水仙素、碱性品红、偏重亚硫酸钠.

【实验步骤】

1. 取经预处理并固定好的洋葱根尖4~5根,放入试管中,水洗2~3 min,加入室温的1 mol HCl处理根尖材料2~3 min.

2. 将根尖换入60 ℃预热的HCl,置于60 ℃恒温水浴条件下水解8~10 min.

3. 吸出热HCl,换入室温1 mol HCl继续处理1~2 min,然后水洗2~3次.

4. 吸净水分,加入 Schiff 试剂,盖上试管盖,在黑暗条件下染色至少 30 min,也可过夜.

5. 用漂洗液漂洗 2~3 次,去掉细胞中残存的一些有色品红分子.

6. 取根尖置载玻片上,切去适当大小,用镊子夹碎后加一滴 45% 的醋酸,然后盖上盖玻片,压片观察(见图 6-1).

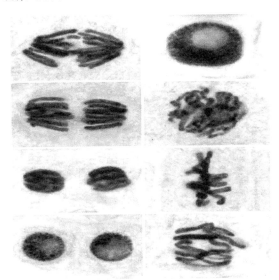

图 6-1 大蒜根尖细胞不同时期的染色体

【注意事项】

1. 及时取放 Schiff 试剂,及时清洗吸 Schiff 试剂的吸管.
2. 黑暗条件下染色.

思 考 题

1. 绘制你所观察到的图像,并说明是有丝分裂的哪一个时期.
2. 直接固定和经过秋水仙素预处理后固定的洋葱根尖,其分裂相有何不同?

实验七 小鼠减数分裂标本的制备及观察

多细胞生物新个体的产生依赖于雌、雄配子结合形成受精卵的有性生殖方式,而减数分裂是有性生殖的基础,它是生殖细胞形成过程中的一种特殊分裂方式,也叫成熟分裂。其主要特点是:染色体复制一次,细胞分裂两次,因此染色体数目减半,每个配子只含单倍染色体组。

【实验目的】

了解小鼠睾丸组织减数分裂标本的制备技术,掌握减数分裂过程中各期染色体的形态特征。

【实验原理】

减数分裂是二倍体生殖细胞在形成配子时的一种特殊的细胞分裂形式。通过小鼠睾丸组织的体外培养以增加减数分裂相,可获得分裂相较多的标本。

【方法与步骤】

(一)标本的制备过程

1. 处死动物,剥离睾丸(图7-1)。
2. 取部分睾丸组织,匀浆取上皮细胞悬液。
3. 将悬液加入培养液小瓶,置培养箱内培养24 h。
4. 在培养终止前4 h,加入秋水仙素。
5. 收取细胞用0.075 mol/L的KCl低渗处理。
6. 1 000 r/min离心8 min,取沉淀。
7. 甲醇:冰醋酸(3:1)固定。
8. 滴片,Giemsa染色,镜检。

(二)标本的观察

1. 精原细胞有丝分裂中期相明确小鼠染色体数目40条。
2. 使用油镜找出减数分裂各时相,着重观察第一次减数分裂的形态变化(图7-2)。

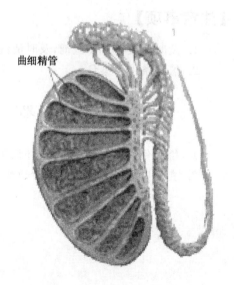

图7-1 哺乳动物睾丸示意图

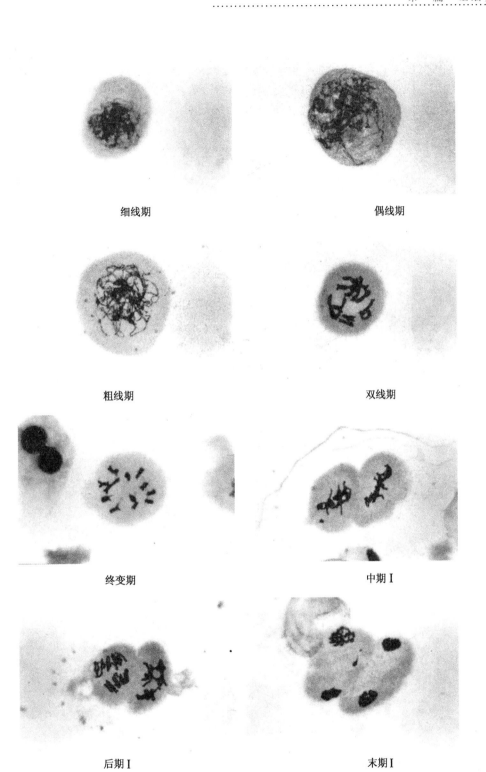

图 7-2 小鼠初级精母细胞第一次减数分裂各期的形态变化

前期Ⅰ：分细线期、偶线期、粗线期、双线期和终变期五个时期.
中期Ⅰ：四分体排列在赤道面上.
后期Ⅰ：同源染色体移向两极.
末期Ⅰ：核膜重新形成，染色体去凝集.

作业与思考题

1. 根据染色体形态特征仔细辨别前期Ⅰ各时相的细胞.
2. 比较雌、雄配子发生过程中减数分裂的差异.

实验八 植物减数分裂与玉米花粉母细胞涂片及观察

美国科学家 Barbara Mc Clintock 终身研究玉米遗传学,以玉米为研究材料发现了许多遗传学原理,其运用的手段就是观察玉米减数分裂过程中染色体的行为.减数分裂是一种特殊方式的细胞分裂,仅在配子形成过程中发生.减数分裂在遗传上具有重要的生物学意义.

【实验目的】

了解高等植物减数分裂过程及染色体的动态变化,掌握制备植物细胞减数分裂玻片标本的技术和方法.

【实验原理】

减数分裂是一种仅在配子形成过程中发生的特殊细胞分裂方式.它有两个显著特点:一是连续进行两次分裂,而染色体只复制一次,结果形成 4 个子核,每个子核只含单倍体的染色体,即染色体数目减少一半,所以叫做减数分裂;另外一个特点是前期特别长,而且形态和行为变化复杂,包括同源染色体的配对、交换与分离等.

减数分裂在遗传上具有两个重要的生物学意义:(1)性母细胞($2n$)经过减数分裂形成染色体数减半的配子(n),经过受精作用,雌雄配子结合形成合子,染色体数恢复($2n$),这样在物种延续的过程中确保了染色体数目的恒定,从而使物种在遗传上具有相对的稳定性.(2)减数分裂过程包括同源染色体的配对、交换、分离和非同源染色体的自由组合,这些都是遗传学分离、自由组合和连锁互换规律的细胞学基础;同源染色体的交换和非同源染色体的自由组合所产生的遗传重组,又是生物变异和进化的重要遗传基础.

在植物花粉形成过程中,花药内的一些细胞分化成小孢子母细胞($2n$),每个小孢子母细胞进行 2 次连续的细胞分裂(第一次减数分裂和第二次减数分裂).每一个小孢子母细胞产生 4 个子细胞,每个子细胞就是 1 个小孢子.减数分裂染色体行为如图 8-1 所示,减数分裂和有丝分裂的比较见图 8-2.

在适当的时机采集植物的花蕾或动物的精巢,经固定、染色压片后,就可以在显微镜下观察到细胞的减数分裂.整个减数分裂包括第一次减数分裂(减数分裂Ⅰ)和第二次减数分裂(减数分裂Ⅱ).普通小麦花粉母细胞减数分裂过程如图 8-3 所示.

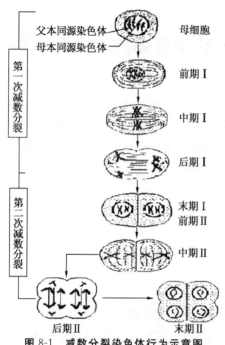

图 8-1 减数分裂染色体行为示意图   图 8-2 减数分裂和有丝分裂的染色体行为比较

1. 第一次减数分裂(减数分裂Ⅰ,包括染色体的复制)

(1) 前期Ⅰ(包括五个时期)

① 细线期:第一次分裂开始,染色体很细很长,呈细线状在核内交织成网.每一染色体已经复制为两条染色单体,但在显微镜下看不出染色体的双重性.

② 偶线期:染色体形态与细线期差别不大,比细线期粗;同源染色体开始配对,形成二价体,每个二价体有一个着丝点.

③ 粗线期:染色体螺旋化,进一步缩短变粗,显微镜下可明显看到每条染色体的两条姐妹染色单体.二价体由四条姐妹染色单体和两个着丝点组成,这时非姐妹染色单体间有可能发生互换.

④ 双线期:染色体进一步螺旋化,比粗线期变得更为粗短,更为清晰;二价体中的两条同源染色体相互分开出现交叉现象,出现交叉末端化,呈"X"、"V"、"O"、"∞"等形状.

⑤ 终变期:染色体高度浓缩,染色体均匀地分散在核膜的附近.此期是检查染色体数目的最佳时期,这时核内有多少个二价体就说明有多少对同源染色体.

(2) 中期Ⅰ:核仁、核膜消失,二价体均匀排列在赤道板上,纺锤体形成.从侧面看,一个个二价体就像一列横队排列在细胞中;从极面看,一个个二价体分散在细胞质中,这也是染色体计数的好时期.

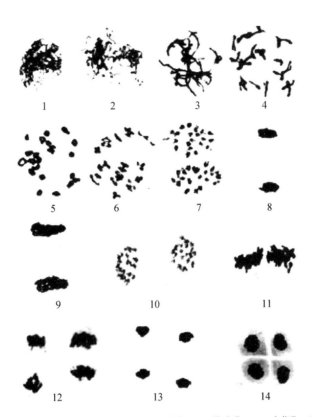

1. 细线期 2. 偶线期 3. 晚粗线期 4. 晚双线期 5. 终变期 6. 中期Ⅰ 7. 后期Ⅰ 8. 末期Ⅰ
9. 分裂间期 10. 前期Ⅱ 11. 中期Ⅱ 12. 后期Ⅱ 13. 末期Ⅱ 14. 四分体

图 8-3 普通小麦花粉母细胞减数分裂过程(引自 jpkc.zju.edu.cn)

(3) 后期Ⅰ:二价体的两个同源染色体分开(没有着丝点的分开),由纺锤丝拉向两极,染色体又变成了染色丝.

(4) 末期Ⅰ:同源染色体分别到达细胞两极,染色体变成了染色质状,核膜、核仁重新出现,形成两个子核,每个子核染色体数目减半为 n,同时细胞质分开形成两个子细胞,叫二分体.

2. 第二次减数分裂(减数分裂 Ⅱ,染色体不复制)

(1) 前期Ⅱ:染色体呈线状,每条染色体由两条姐妹染色单体共用一个着丝点,二者间有明显互斥作用,核膜消失.

(2) 中期Ⅱ:染色体排列在赤道板,每条染色体由两条染色单体共用一个着丝点.

(3) 后期Ⅱ:每条染色体从着丝点处分裂为二,分别移向两极.

(4) 末期Ⅱ:移到两极的染色体解螺旋,再次出现核仁、核膜,形成单倍的子核,此时减数分裂Ⅰ形成的两个单倍核形成 4 个单倍核,最后形成 4 个子细胞,叫四分体.

理想的植物细胞减数分裂玻片标本在显微镜下可以观察到减数分裂各个时期的典型细胞.

【实验器材与试剂】

1. 材料

玉米(2n=20)花药、蚕豆(2n=12)花药、小麦(2n=42)花药、大葱(2n=16)花药、洋葱(2n=16)花药、番茄(2n=24)花药.

2. 器具

显微镜、酒精灯、培养皿、载玻片、盖玻片、镊子、刀片、木夹、吸水纸、标签纸、火柴.

3. 药品与试剂

醋酸洋红染色液(或丙酸-水合氯醛-铁矾-苏木精染色液)、卡诺固定液、95%的乙醇、80%的乙醇、70%的乙醇.

【实验步骤】

在一朵花的减数分裂全过程中能观察到染色体的时间是很短的,一般在终变期、中期Ⅰ和后期Ⅰ可观察到.因此,适时取材是观察花粉母细胞减数分裂的关键.不同材料、不同地区或季节的取材适期略有差异.

1. 取材

(1) 玉米雄穗:玉米雄穗适宜的取材时间是玉米抽穗前1～2周的大喇叭口期(花粉母细胞处于减数分裂时期).手摸上部(喇叭口下部)有松软感,表明雄花序即将抽出.北方的玉米5月份取材,时间为上午8:30为好,阴天不宜取样;夏玉米一般在7月份取材,以上午7:00～8:00为好.用刀在顶叶近喇叭口处纵向划一刀,切开10～15 cm长,剥出雄花序,顶端花药长3～5 mm.花药尚未变黄时取材为适期.将采集的雄穗浸入卡诺固定液中固定12～24 h后,用95%的乙醇清洗净醋酸气味后,保存于70%的乙醇中置冰箱保存备用.

(2) 小麦幼穗:在小麦抽穗前10～15 d,当旗叶与下一叶片的叶枕相距1～4 cm、幼穗长约4 cm,不同部位小穗第1～2朵小花的花药表现为黄绿色时,一般正处于减数分裂时期.采集的小穗按上述玉米雄穗的固定方法进行固定处理.

(3) 蚕豆花蕾:在早春(3～4月份)蚕豆显蕾后,于上午8:00～10:00时,摘取长约1 mm 的花蕾,固定、保存.

(4) 大葱花序:待3～4月份,大葱花序长到枣一样大,颜色呈绿色(转黄时已晚)时,采摘花序固定.制片时,取1朵小花,挑出花药,用醋酸洋红染色法压片观察.

2. 制片

取1～3枚花药,放在洁净的载玻片上,用清洁刀片压在花药上向一端抹去,涂成薄层,然后滴一滴1%的醋酸洋红染色液(或苏木精染色液),也可在花药上滴上染色液.然后用镊子把花药镊碎,去掉肉眼见得到的残渣,数分钟后盖上盖玻片,包被吸水纸,用大拇指匀力压片,或用铅笔的橡皮头垂直轻敲.为了加深染色,可把载玻片平放在酒精灯火焰上来回摆动几次,使之略加热.

3. 镜检

先在低倍镜下寻找花粉母细胞.一般花粉母细胞较大、圆形或扁圆形,细胞核大、着色较浅;而一些形状较小、整齐一致着色较深的细胞是药壁体细胞;一些形状处于中间、略呈扇形的细胞是从四分体脱开后的小孢子或幼小花粉粒;形状较大、内部较透明并具有明显外壳的细胞则是成熟的花粉粒.观察到有一定分裂相的花粉母细胞后,用高倍镜观察减数分裂各时期染色体的行为和特征.

作业与思考题

1. 绘制观察到的植物(玉米)花粉母细胞减数分裂不同时期的典型细胞(染色体动态特征).
2. 在双线期可以看到的交叉现象具有什么遗传学意义?

实验九　蝗虫精巢减数分裂的观察

1883年,胚胎学家贝内登(Van Beneden,1845—1910)发现马蛔虫精子和卵细胞各只有体细胞染色体数目的一半,卵受精后又恢复了体细胞染色体数目(马蛔虫$2n=4$).此后有关动物减数分裂研究表明:精子的发生始由$2n$的精原母细胞(spermatogonium)染色体复制后形成初级精母细胞(primary spermatocyte),每个初级精母细胞连续分裂两次,第一次分裂形成2个次级精母细胞;次级精母细胞仍为$2n$,每个初级精细胞含有或者来自母方或者来自父方的染色体各一条;次级精母细胞再次分裂一次,形成精细胞(n).此过程主要的特点是:两次分裂,染色体数目减半,故此称为减数分裂.除此之外,分裂前染色体复制,分裂初期(偶线期)复制的同源染色体配对,形成二价体,每个二价体包含4条染色单体.蝗虫的染色体数目较少($2n=23,22+X$),染色体较大,易于观察,因此蝗虫的精巢一向被视为减数分裂实验的传统材料.

【实验目的】

学习昆虫精母细胞减数分裂制片技术,观察蝗虫精母细胞分裂时期;熟悉动物减数分裂各时期以及每个时期各阶段的细胞、染色体结构变化,识别不同分裂时期及染色体的形态,观察第一次及第二次分裂结束时的细胞状态.

【实验原理】

减数分裂是有性生殖生物生殖细胞形成过程的特殊分裂方式.有性生殖的动物精子和卵子的形成过程:首先由体细胞特定组织分化出精母与卵母细胞($2n$),这些$2n$细胞进行一种连续两次的分裂,即减数第一分裂(Ⅰ)和减数第二分裂(Ⅱ),最终一个精母细胞产生4个精细胞,一个卵母细胞产生一个卵细胞与3个退化的极体(n).这一过程中有两个重要特点,即染色体数目和形态上均呈动态变化.特点之一是,连续进行两次核分裂中,染色体只复制一次,结果形成四个核,每个核只含母细胞染色体数目的一半,即染色体数目减半,故称做减数分裂;另一特点是,细胞分裂前期特别长,而且染色体形态变化复杂,包括同源染色体的配对、交换与分离等(图9-1).这些特点为遗传学研究中远缘杂种的分析、染色体工程中的异系鉴别、常规的染色体组型分析以及三个基本规律的验证提供了直接与间接的依据.减数分裂是配子形成过程中一种特殊形式的有丝分裂,也叫成熟分裂.在高等动物的有性生殖过程中,雄性个体生殖腺(精巢)中的精原细胞($2n$)生长分化为初级精母细胞($2n$),初级精母细胞经过减数第一分裂产生两个次级精母细胞(n),再经过减数

染色单体1与2，2与3和4交换

蝗虫二价体三个交叉节的电子显微镜图像

图 9-1　二价体的三个交叉节,代表有三个交换事件的发生(引自 Lewin 编著《Gene Ⅶ》)

第二分裂和一系列的变化最后形成 4 个精子(n).雌性个体的生殖腺(卵巢)中的卵原细胞($2n$)经过生长分化形成初级卵母细胞($2n$),初级卵母细胞经过减数第一分裂形成大小悬殊的两个细胞.大的叫次级卵母细胞(n),小的叫第一极体(n),它们各自进行减数第二分裂,最后产生一个大的卵细胞(n)和 3 个第二极体(n),因此可以用高等动物的精巢或卵巢作材料进行减数分裂的研究(图 9-2).

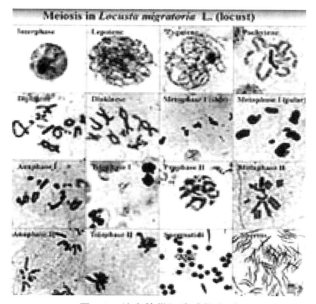

图 9-2　蝗虫精巢细胞减数分裂

【实验器材与试剂】

1. 实验材料

蝗虫(Locusta migratoria).

2. 实验器具与试剂

与实验六相同.

【实验步骤】

1. 取材与固定

捕捉蝗虫雄性成虫时,要区别蝗虫雌雄个体.雄体成虫一般较小,腹部末端如船尾状,飞行时体轻,距离较远;雌体较大,腹部末端分叉,飞行时显得笨重,因而飞不远.捕捉到蝗虫雄性成虫后,最好从活体取出精巢.具体方法是:用剪刀在腹部第1～2节腹侧面剪开一道口子,用镊子自剪口处伸入,从背面前部夹住一组织块向外抽拉,随即可见一团黄色组织块,即蝗虫精巢.去除附着的脂肪,立即投入固定液中(3份甲醇+1份冰醋酸),固定40 min.取出精巢用吸水纸吸去固定液,放在70%的乙醇中可长期保存.为了制出清晰度高、分裂相多的压片,掌握捕捉蝗虫的时间十分重要.过早,蝗虫尚未发育成熟;过晚,则分裂相少,脂肪多,会影响观察.因此可采取分阶段捕捉.

2. 制片与观察

取出已固定的精巢,用吸水纸吸去乙醇,投入改良苯酚品红染色液中染色,染色时间依气温条件不同而灵活掌握:气温较高时,染24 h即可;气温低时如冬季,则需2～3 d.客观标准是精巢变得疏烂,易于分散压片即可.

取染色后的精巢放在洁净的载玻片上,分离出完整的精小管1～2条,置于另一载玻片上,加染液1～2滴,加盖玻片,用皮头铅笔轻敲盖玻片,使材料均匀分散成薄雾状.然后用吸水纸夹住玻片,在平坦桌面上以拇指指腹加压,左手拇指和食指夹住右手拇指以帮助固定,防止晃动,力度以不压破盖玻片为度.这样染色体就能较好地分散在一个平面上.

将制作好的玻片置于显微镜下观察.首先在低倍镜下寻找制作的细胞分裂位置,然后用高倍镜观察分裂相,并绘制观察到的细胞分裂图像.

3. 制作永久玻片

如有需要,可选取清晰、分裂相多的玻片,用于制作永久玻片标本.

(1) 盖玻片的处理:将新购的盖玻片放在烧杯中,用95%的乙醇浸泡3～4 h(向乙醇中滴数滴盐酸).取出后,先用自来水冲洗数遍,再用蒸馏水过两遍,取出摊在纱布上晾干备用.载玻片不必处理,这样做的目的是保证揭片时标本全部附着在盖玻片上.这是制片成功与否的关键之一.

(2) 揭片处理:临时玻片的揭片方法有多种,诸如冰冻揭片法、液体滑落法、湿室沉降法等.其中湿室沉降法简便易行、效果好.具体方法是:取一只大号有盖搪瓷盘,铺上一张吸水纸,再架上两根玻璃棒,加适量废固定液,以浸透吸水纸为度.将选好的压片搁在玻棒上,盖玻片朝上,再将瓷盘盖子盖上,让标本充分固定在盖玻片上.固定时间应视天气、气温而灵活掌握.天气干燥、气温高时,4～6 h即可;如气温低、空气潮湿,则应延长固定时间.根据经验,当标本四周出现白色气圈时即可,这时取出压片,放在平滑玻璃板上(下面衬一张白纸),左手固定盖玻片,右手持双面刀片在盖玻片边缘轻轻一挑,就能将其揭开.将附有标本的盖玻片放在事先准备好的托盘里(标本朝上)让其自然干燥(如染色嫌深,可在95%的乙醇中分色1~2 s后再干燥),期间应特别注意防止灰尘、纤维等污染.

(3) 封片:取洁净载玻片在酒精灯上过火3~4遍,待水汽全部散去,滴一滴树胶于玻片的适当位置,再用镊子夹取有标本的盖玻片,将其无标本的背面在火上迅速过1~2次,标本朝下盖在树胶上,待树胶铺满整个盖片后,封片即完成.待树胶干后,永久玻片标本就制成了.观察时先边缘后中央,这样容易找到所需的分裂相.

作业与思考题

1. 绘制减数分裂各时期的分裂图像.
2. 试比较动物细胞与植物细胞的减数分裂差异.

实验十　植物染色体标本的制备与观察

染色体是遗传物质的载体.细胞分裂中期染色体由于形态、结构最完整,是进行染色体组型分析、染色体工程和遗传学研究的良好材料.因此分离和制备中期染色体是植物细胞遗传学、植物细胞生物学、植物细胞分类学和物种生物学等众多学科的基本实验技术.

【实验目的】

学习常规压片法和去壁低渗法制备植物染色体标本的原理与技术,掌握植物染色体计数和分析的方法.

【实验原理】

染色体是在细胞有丝分裂过程中出现的结构.生物染色体的形态、结构和数目在种内都是相对稳定的.每一生物细胞内特定的染色体组成叫染色体组型.对染色体组型进行分析是遗传学、现代分类学和生物进化研究中的重要手段.而通过一定的方法制备染色体有丝分裂标本是进行染色体组型分析的前提.

植物染色体标本的制备方法有压片法和去壁低渗法两种.压片法是观察植物染色体的常用方法,缺点是染色体很难分散开.植物细胞由于具有坚实的细胞壁,制备染色体标本前必须去掉细胞壁,以使细胞易于散开,提高染色体的分散程度.去壁低渗法采取先用纤维素酶和果胶酶处理去掉细胞之间的细胞壁,再通过酸水解、染色、压片等步骤的方法,可获得分散程度更高的染色体.目前,去壁低渗法已成为植物染色体显带技术的重要手段.

【实验器材与试剂】

1. 材料

洋葱、水稻或小麦根尖.

2. 器材

显微镜及显微照相装置、天平、温箱、恒温水浴箱、量筒、烧杯、染色缸、冰冻载玻片、玻璃板、切片盒.

3. 试剂

卡诺Ⅰ固定液、Giemsa染液、混合酶液、改良苯酚品红染色液.

【方法与步骤】

1. 压片法

（1）取材：① 将洋葱鳞茎置于盛水的烧杯内，在 25 ℃ 温箱中发根，待根长至 2 cm 左右，切取根尖．② 把蚕豆种子浸泡 6 h 后转入垫有湿润滤纸的培养皿中，在 25 ℃ 温箱中发芽，幼根长至 1～2 cm 时切取根尖．③ 选取水稻种子，充分浸种后，将其摆在铺有滤纸的培养皿内，在 28 ℃ 温箱中发芽，当胚根长至 1～1.5 cm 时剪下备用．

（2）预处理：将剪下的根尖用 0.1% 的秋水仙素溶液浸泡处理 2 h 左右．

（3）固定：将预处理过的根尖用蒸馏水洗净，置卡诺 I 固定液中固定 6～12 h．被固定的材料如不能及时使用，可放入 95% 的乙醇、85% 的乙醇各半小时，最后转入 70% 的乙醇中，4 ℃ 冰箱内保存备用．

（4）解离：取出根尖，用蒸馏水洗净，放入 1 mol/L 的 HCl 溶液中，于 60 ℃ 下解离 10～15 min，再用蒸馏水洗净，以彻底除去酸液．

（5）染色：用改良苯酚品红染色液染色 5～10 min．

（6）压片：把根尖放在载玻片上，加一滴染液，盖上盖玻片，用镊子或铅笔的橡皮头轻轻敲打盖玻片，使细胞和染色体分散开．

（7）镜检：将压好的玻片置于显微镜下，观察细胞的分散情况、中期分裂相的多少和分裂中期细胞中的染色体是否完全敞开．如果染色体分散不好而难以分辨和计数，可取下片子，平放于桌面，用手指隔着吸水纸在盖玻片上稍施压．如果操作细心，用力适度，就比较容易得到染色体分散良好的压片标本．

（8）封片．

2. 去壁低渗法

（1）取材、预处理及固定方法同压片法．

（2）酶解去壁：将固定的材料用双蒸水洗净后，加入 2.5% 的混合酶液，在 25 ℃ 条件下酶解 2～3 h．酶解过程中，将材料瓶轻轻摇动 1～3 次，使材料与酶液充分接触．

（3）低渗：倒去酶液，用蒸馏水慢慢冲洗 2 次，然后在蒸馏水中浸泡 30 min．随后可用下面两种方法制备染色体标本：

Ⅰ．悬液法

（1）制备细胞悬液：倒去蒸馏水，立即用镊子将材料夹碎．

（2）再固定：向细胞悬液中加入 2～3 mL 新鲜固定液，吹打制成细胞悬液．

（3）去沉淀：静置片刻，使大块组织沉淀，然后吸取上层细胞悬液，去掉沉淀物．

（4）去上清液：将上层细胞悬液静置 30 min 左右，使细胞沉淀，用吸管轻轻吸去上清液，留约 1 mL 的细胞悬液制备标本．

（5）制备标本：取一张预先在蒸馏水中冰冻的清洁载玻片，用滴管滴 2～3 滴细胞悬液于其上，立即将一端抬起，并轻轻吹气，促使细胞分散，然后在酒精灯上微微加热烤干。

（6）染色：干燥的片子用 pH7.2 的 0.06 mol/L 磷酸缓冲液与 Giemsa 原液按 20∶1 的比例混合液染色 30 min，蒸馏水洗，空气干燥。

（7）镜检与封片：同压片法。

Ⅱ．涂片法

（1）再固定：倒去蒸馏水，将低渗过的材料用新鲜固定液固定 30 min 以上。

（2）涂片：将材料放在预先在蒸馏水中冰冻的清洁载玻片上，加一滴固定液，迅速用镊子将材料捣碎，边捣边加固定液，并去掉大块残渣。

（3）火焰干燥：立即将载玻片在酒精灯火焰上微微加热烤干。

（4）染色：与悬液法相同。染色后用蒸馏水细流冲洗，甩干水珠，并空气干燥。

（5）镜检与封片：同压片法。

作业与思考题

1. 简述去壁低渗法制备染色体标本的原理。

2. 观察图 10-1，简述中期染色体具有哪些形态特征。

3. 绘制一完整细胞，并附带中期染色体图。

4. 植物染色体制备和动物染色体制备有哪些相同点和不同点？

图 10-1　洋葱鳞茎内皮细胞中期染色体

实验十一　果蝇唾腺解剖及其染色体观察

染色体研究所面临的困难之一就是染色体很小而不易观察.1881 年 E. G. Balbiani 首先在双翅目昆虫摇蚊幼虫中发现巨大的染色体,20 世纪初 D. Kostoff 用压片法在黑腹果蝇幼虫的唾腺细胞核中也发现了特别巨大的染色体——唾腺染色体(salivary gland chromosome).这些巨大唾腺染色体为遗传学研究的许多方面提供了独特的研究材料.

【实验目的】

练习果蝇等幼虫唾腺的剖离及其染色体标本的制作,了解果蝇唾腺染色体的特点,掌握果蝇唾腺染色体标本的制备和观察方法.

【实验原理】

双翅目昆虫(摇蚊、果蝇)幼虫期的唾液腺细胞很大,其中的染色体比普通染色体大得多,宽约 5 μm,长约 400 μm,相当于普通染色体的 100～150 倍,因而又称为巨大染色体.唾腺染色体经过多次复制而并不分开,有 1 000～4 000 根染色体丝的拷贝,所以又称多线染色体.多线染色体的特征:(1) 巨大;(2) 体细胞配对,所以染色体只有半数(n);(3) 各染色体的异染色质多的着丝粒部分互相靠拢形成染色中心;(4) 横纹有深浅、疏密的不同,各自对应排列,这意味着基因的排列.多线染色体经染色后出现深浅不同、密疏各别的横纹,这些横纹的数目和位置往往是恒定的,代表着果蝇等昆虫的种的特征.如染色体有缺失、重复、倒位、易位等,很容易在唾腺染色体上识别出来.

【实验器材与试剂】

1. 材料

黑腹果蝇的三龄幼虫.这种材料既易饲养,又易取得唾腺,但为了得到更好的染色体标本,需要在 20～25 ℃和营养良好的条件下饲养幼虫.选择行动迟缓、肥大、爬上管壁的三龄幼虫(即将化蛹)做标本最佳.

2. 器具

双筒解剖镜、显微镜、镊子、解剖针、载玻片、滤纸、绘图纸、酒精灯.

3. 试剂

(1) 1%的醋酸洋红:称 1 g 洋红,溶解于 45%的醋酸溶液 100 mL 中煮沸,冷却后过滤备用.

(2) Ephrussi-Beaclle 生理盐水：称取 NaCl 7.5 g、KCl 0.35 g、$CaCl_2$ 0.21 g 溶解于 1 000 mL 蒸馏水中.（注意：依次加入,等先加入的药品充分溶解后再加下一种药品.尤其是 $CaCl_2$,如在其他药品没有充分溶解时加入,则会产生沉淀!）

(3) 松香石蜡：用等量的松香和 52 ℃的石蜡,放在蒸发皿内用小火煮(注意：大火会烧起来!),待两者充分混合成浓的米黄色,取下后冷却凝固.

【方法与步骤】

1. 三龄幼虫的饲养

(1) 饲料要求松软,含水率高,营养丰富,发酵良好.

(2) 追加酵母液,在一龄幼虫出现后将成虫移入另一培养瓶中,在培养基表面滴加低浓度的酵母液（将鲜酵母或干酵母粉配制成 2%～4.5%的水溶液）,每天滴加 1～2 滴.二至三龄幼虫期适当增加酵母液的浓度（10%左右）.滴加的量以覆盖在培养基表面薄薄一层为宜.

(3) 通过控制成虫的排卵时间来控制幼虫密度,以保证幼虫发育良好.一般标准培养瓶以 10 对成虫交配后 12 h 所产卵为宜,这样可使培养基表面幼虫密度为 20～40 条.

(4) 采用较低的温度培育有利于幼虫发育良好.一般采用 15～18 ℃为宜.

供唾腺染色体压片用的三龄果蝇必须十分肥大,以保证唾液腺发育良好.

2. 幼虫的雌雄鉴别

果蝇组织结构如图 11-1 所示.由于压片用雌性较好,所以最好在正式解剖前先做雌雄鉴别.将三龄幼虫置于滴有一滴生理盐水的载玻片上,在解剖镜下观察幼虫体后 1/3 处,气管两侧有一个大而透明的玻璃状精巢结构者为雄性,否则为雌性（图 11-2）.

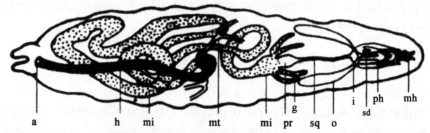

a：肛门；h：后肠；g：盲囊；mi：中肠；i：唾液腺原基；mh：大腮钩；sq：食管；ph：咽头；pr：前胃；sd：唾腺分泌管；o：唾液腺；mt：马氏管

图 11-1　果蝇组织结构示意图（引自田中信德编《新细胞遗传学》,1978）

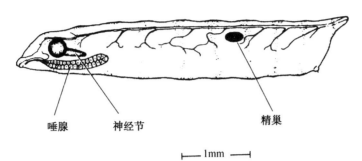

雄性幼虫侧面图

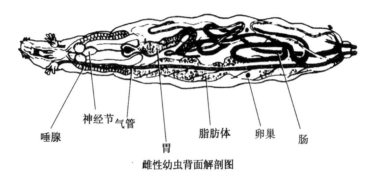

雌性幼虫背面解剖图

图 11-2　果蝇幼虫解剖图（仿 Demerec and Kaufman）

3. 果蝇幼虫唾腺的解剖

将载玻片置于双筒解剖镜下,载玻片上滴加生理盐水一滴,取三龄幼虫（雌性）放在其中.操作者两手各握一枚解剖针,左手持解剖针压住幼虫后端 1/3 处,固定幼虫;右手中的解剖针按住幼虫头部,用力向右拉,把头部从身体拉开,唾腺随之而出（图 11-3）.唾腺是一对透明的棒状腺体（图 11-4）.

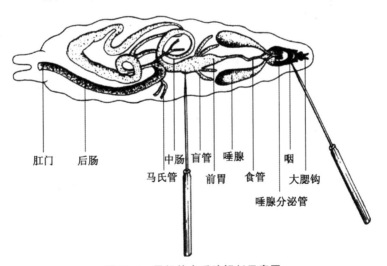

图 11-3　果蝇幼虫唾腺解剖示意图

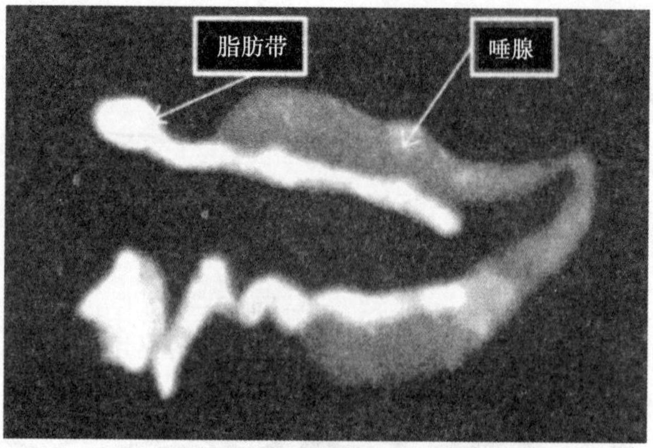

图 11-4 黑腹果蝇唾腺镜下图

4. 果蝇幼虫唾腺染色体标本的制备

(1) 在载玻片上除去幼虫其他组织部分,并把唾腺周围的白色脂肪剥离干净,再把唾腺移到干净的、预先准备的滴有醋酸洋红的载玻片上.

(2) 固定染色 10 min 后,盖上干净的盖玻片,用滤纸先轻轻压一下,吸去多余的染液.然后放在水平的桌面上,用大拇指用力压住,并横向揉几次(注意:不要使盖玻片移动,用力和揉动时朝同一个方向,不能来回揉).用力和揉动方向可因人而异,多做几次,可得到较好的片子.

(3) 用松香石蜡封片:用烧热铁丝的前端沾松香石蜡,沾有少量的溶解物,封在载玻片周围,制成临时标本.如得到的片子完整良好,而且没有气泡,可在冰箱中保持数日,也可以制成永久玻片.

永久玻片的制作步骤:先剔除封蜡,放入固定液(冰醋酸:乙醇=1:3)中,待盖玻片脱落后,把有材料的载玻片和盖玻片通过下列程序:95%的乙醇 1 min,纯乙醇 1 min,再经纯乙醇 1 min;取出载玻片,加一小滴优巴拉尔,再取出盖玻片盖上即可.也可以在纯乙醇脱水后,经过几次不同比例的乙醇和二甲苯混合液(3:1:2、1:1:1 等),最后放入纯二甲苯中,取出后用加拿大树胶封片.但这种方法步骤较多,材料容易丢失.

5. 果蝇幼虫唾腺染色体的观察

(1) 先用低倍镜观察玻片标本,找到好的染色体图像后,移至视野中心,再换用高倍镜观察.

(2) 黑腹果蝇的唾腺染色体数是 $2n=2\times4=8$(图 11-5),但因体细胞配对,又因短小的第Ⅳ染色体和 X 染色体的着丝粒在端部,所以染色体的一端在染色体中心上,看上去,各自只形成一条线状和点状染色体.只有第Ⅱ和第Ⅲ染色体的着丝粒在中央,它们从染色体中心以"V"字形向外伸出(ⅡL、ⅡR、ⅢL、ⅢR),因此共有 6 条(图 11-6).

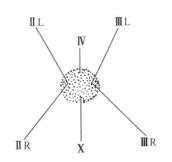

图 11-5　黑腹果蝇唾液腺染色体核型　　图 11-6　黑腹果蝇唾腺染色体模式核型
（引自森脇大五郎）　　　　　　　　　　（引自森脇大五郎）

在显微镜下,短小的第Ⅳ染色体有时不易观察到,所以比较容易识别的染色体臂有 5 条(图 11-7).雄果蝇的 Y 染色体几乎包含在染色中心里,因为是异染色质,看起来染色可能淡些.有经验者可以发现,雄果蝇的 X 染色体比雌果蝇 X 染色体要细些,因为雄性只有一条 X 染色体.

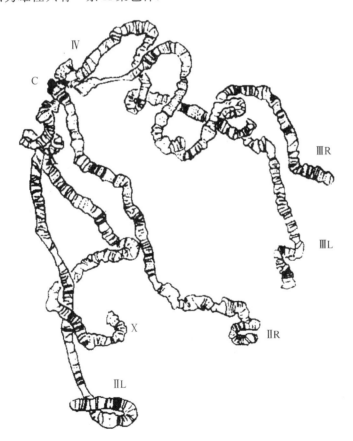

图 11-7　果蝇唾腺染色体（引自田中信德编《新细胞遗传学》,1978）

（3）唾腺染色体上的横纹宽窄、浓淡是一定的,但在果蝇的特定发育时期,它们会出现不连续的膨胀,这称为疏松区. 目前人们认为这是这部分基因被激活的标志.

作业与思考题

1. 每人上交至少2张合格的制片:背景清晰透明,染色体完整而伸展;各染色体的端部平装而横纹清晰;染色充分,带纹显示良好,无气泡.

2. 查阅文献,学习黑腹果蝇唾腺染色体的结构及其界标划分方法;仔细观察其第Ⅰ染色体(X染色体)端部横纹,并比较与其他品种第Ⅰ染色体端部横纹及其形态特征.

3. 把观察到的较好的图像画下来.

4. 讨论并分析实验结果.

实验十二　植物染色体显带技术与带型分析

染色体是遗传物质的载体,由 DNA、组蛋白、非组蛋白和少量 RNA 组成.对植物有丝分裂中期的染色体进行酶解、酸、碱、盐等处理,再经染色后,染色体可清楚地显示出很多条深浅、宽窄不同的染色带,称为染色体显带.几乎所有的植物染色体都能显带.各染色体上染色带的数目、部位、宽窄、深浅等特点相对稳定,可为鉴别染色体的形态提供依据,也可为细胞遗传学和染色体工程提供有效的研究手段.

【实验目的】

掌握植物染色体显带技术和带型分析的原理与方法.

【实验原理】

植物染色体显带技术包括荧光分带和 Giemsa(吉姆萨)分带两大类.在植物染色体显带上最常用的是 Giemsa 分带技术.由于所用染料与处理条件不同,可产生不同的带型,有 C 带、N 带、G 带等不同的显带技术.C 带主要显示着丝粒、端粒、核仁组织区或染色体臂上的结构异染色质,N 带能使染色体核仁组织区特异着色,而 G 带技术能显示出植物染色体上的中间带.

【实验器材与试剂】

1. 材料

洋葱、水稻或小麦根尖染色体制片.

2. 器具

显微镜及显微照相装置、天平、温箱、恒温水浴箱、量筒、烧杯、染色缸、冰冻载玻片、玻璃板、切片盒.

3. 试剂

(1) 5%的氢氧化钡溶液:5 g Ba(OH)$_2$加入 100 mL 沸蒸馏水中溶解后过滤,冷却至 18~28 ℃.

(2) 2×SSC 溶液:0.3 mol/L 的氯化钠+0.3 mol/L 的柠檬酸钠.

(3) 其他试剂:1 mol/L 的 NaH$_2$PO$_4$溶液、2.5%的纤维素酶和果胶酶混合液、1/15 mol/L 的磷酸缓冲液(pH 7.4)、0.1%的秋水仙素、0.4%的 KCl 低渗液、2%的柠檬酸钠、1 mol/L 的盐酸、乙醇、冰醋酸、无水乙醇、甲醇、盐酸、Giemsa 染色液.

【方法与步骤】

(一) 染色体分带

1. 材料准备

按去壁低渗法制备染色体压片标本,在相差显微镜下检查染色体分散程度,挑选出分裂相多、染色体分散均匀的片子.选出的玻片经液氮、干冰或半导体致冷器冻结,用刀片揭开盖玻片,置室温下干燥.

2. 空气干燥

脱水后的染色体标本一般需经过 4~7 d 的空气干燥,再进行分带处理.不同材料所需的干燥时间不一样.洋葱要求空气干燥的时间较严,未经空气干燥的染色体不显带,干燥 1 周后经显带处理显示末端带,干燥半个月后能同时显示末端带和着丝点带.而蚕豆、黑麦、大麦的干燥时间要求则不十分严格.

3. 显带

对空气干燥后的染色体标本即可进行显带处理.处理方法不同,可显示不同的带型.

(1) C 带技术:有以下两种方法:① HSG 法(hydrochloric acid saline Giemsa method):将干燥后的染色体标本浸入 0.2 mol/L 的盐酸中,于 25 ℃条件下分别处理 30 min 和 60 min. 蒸馏水多次冲洗后,置 60 ℃的 2×SSC 溶液中保温 30 min,蒸馏水冲洗数次,室温下风干,待染色处理. ② BSG 法(barium saline Giesa method):将干燥后的染色体标本浸入 5%的氢氧化钡饱和液中,于室温下处理 5~10 min,蒸馏水小心冲洗除去浮垢后,置 60 ℃的 2×SSC 溶液中保温 60 min,蒸馏水冲洗数次,室温下风干,待染色处理.

(2) N 带技术:将干燥后的染色体标本置 1 mol/L 的 NaH_2PO_4 溶液中,于 95 ℃下保温 2 min,50 ℃左右的蒸馏水冲洗数次,室温下风干,待染色处理.

(3) G 带技术:有以下三种方法:① 胰酶法:在空气中干燥、贮存 1~3 d 的染色体标本,置 0.85%的生理盐水中浸数秒,然后用 0.01%的胰蛋白酶(生理盐水配制)处理 10~30 s,0.85%的生理盐水冲洗 2 次,30∶1 Giemsa 染色 5~8 min,自来水冲洗,空气干燥,镜检. ② 尿素法:在空气中干燥、贮存 1~3 d 的染色体标本,用 8 mol/L 尿素(2 份 8 mol/L 尿素与 1 份 pH6.8 的磷酸缓冲液混合)处理 40 s~5 min(处理时间视材料和标本而定),30∶1 Giemsa 染色 5~8 min,自来水冲洗,空气干燥,镜检. ③ 胰酶-尿素法:在空气中干燥、贮存 1~3 d 的染色体标本,用 0.85%的生理盐水浸数秒,然后用 0.01%的胰蛋白酶处理 5~40s,0.85%的生理盐水冲洗 2 次,然后用 8 mol/L 的尿素处理 5~15 s,生理盐水冲洗 2 次,30∶1 Giemsa 染色 5~8 min,自来水冲洗,空气干燥,镜检.

4. Giemsa 染色

一般都采用扣染法染色.在一洁净的玻璃板上,对称放置两根牙签或火柴棒,距离与载玻片上的材料范围相等.将带有材料的玻片翻转向下,放在牙签上,然后沿载玻片一边向载玻片与玻璃板之间的空隙内缓缓滴入10∶1或20∶1的染色液(pH7.2的1/15 mol/L的磷酸缓冲液∶Giemsa原液),在室温下染色15～30 min.

5. 镜检和封片

染色后的玻片标本,用蒸馏水洗去多余染料(如染色过深,可用磷酸缓冲液脱色),室温下风干后即可镜检.挑选染色体带型清晰的玻片,用树胶封片.

(二) 染色体带型分析

经过上述处理的植物染色体标本可以显示出C带、N带或G带的带型,一般有以下几种带型:

1. 着丝粒带(C带)

带纹分布在着丝粒及其附近.大多数植物的染色体可显示C带.蚕豆、黑麦、大麦等的染色体着丝粒带比较清楚,洋葱染色体的着丝粒带较浅.

2. 中间带(I带)

带纹分布在着丝粒至末端之间,表现比较复杂.不是所有染色体都具有中间带.

3. 末端带(T带)

带纹分布在染色体末端.洋葱和黑麦染色体具有典型的末端带,而蚕豆、大麦的末端带不明显.

4. 核仁缢痕带(N带)

带纹分布在核仁组织者中心区.蚕豆的大M染色体和黑麦的第Ⅶ染色体具有这种带型.

5. 完全带

同时具有以上四种带型的叫完全带,以"CITN"表示;其他称为不完全带,有"CIN"和"CTN"型、"TN"型和"N"型.

根据植物各染色体上显示的不同带纹和带纹的宽窄,可按染色体组型分析的方法对同源染色体进行剪贴排列,绘出模式图,从而对各染色体的带型进行分析.

作业与思考题

1. 染色体带型分析的原理是什么?这项技术在生物学研究中有什么意义?
2. 对图12-1提供的植物染色体C带带型进行同源染色体排列剪贴.

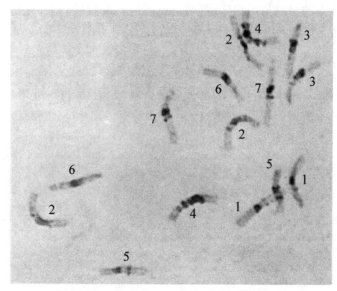

图 12-1　三体大麦 Betzes Giemsa C-带染色体

3. 绘制带型模式图,并作出带型特点分析描述.

实验十三　人类性染色体小体的检测与观察

早在20世纪60年代,Barr和Bertram在研究猫的间期神经细胞时,发现雌猫体细胞核膜边缘有一个可被碱性染料深染的小体,而在雄性猫同样的细胞中没有或只能偶尔观察到这种小体. 这种与性别有关的两型现象存在于许多动物的多数组织细胞中,而在啮齿类只有少数组织中可以观察到.

【实验目的】

通过人体口腔黏膜细胞性染色体的观察,进一步理解有关异染色质、功能性异染色质、X染色体失活等相关知识;学习掌握X小体、Y小体的玻片标本制作方法,绘制X小体、Y小体形态特征及所在部位;鉴定个体的性别,为进一步研究人类染色体畸变与疾病的关系提供基础方法,为遗传病的临床诊断提供参考.

【实验原理】

继20世纪60年代Barr和Bertram发现雌猫体细胞核膜边缘有一个可被碱性染料深染的小体后,又发现人类正常女性口腔上皮、阴道上皮、皮肤、羊水等的细胞中都有这样的小体,随后在许多科学家的研究中指出,这种与性别有关的两型现象仅存在于有袋类、偶蹄类、食肉类和灵长类等动物的多数组织细胞中.

一般认为,这种小体是两个X染色体中的一个在间期发生异固缩而形成的,故将其称为X小体或X染色质,现称为"性染色质体"(sex chromatin body),又称为"巴氏小体"(Barr's body). 有实验表明,Barr小体的存在是哺乳动物雌性个体体细胞中的X染色体随机失活的结果,这主要是因为这条染色体处在失活状态所致,因此性染色质实质上是一个失活了的X染色体. Morishima等利用放射性标记的方法证实了失活状态的性染色体与其他异染色质(heterochromatin)一样,在DNA复制时总是落后于其他常染色体,且大多数出现在核膜边缘. X染色体呈Feulgen阳性反应,表明它的组成成分为DNA(图13-1).

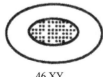  

46,XY　　　　　46,XY　　　　　47,XXX　　　　48,XXXX
45,X　　　　　　47,XXY　　　　48,XXXY　　　　49,XXXXY

图13-1　人体细胞中的巴氏小体

性染色质体的数目是X染色体数减1,有两个X染色体的正常雌性有一个X

小体,有三个 X 染色体者有两个 X 小体. 雄性只有一条 X 染色体,不发生异固缩,因此没有 X 小体;但 XXY 的雄性也可有一个 X 小体. 故可以根据 X 小体的有无、数目来鉴别胎儿的性别和性别畸形.

Y 小体是人类男性体细胞中 Y 染色体长臂末端呈现的明亮小体,是由荧光染料染色后显示的荧光所致,因而称为 Y 小体或 Y 染色质. 根据 Y 小体的有无、数目也可鉴别胎儿的性别和性别畸形.

【实验器材与试剂】

1. 材料

口腔黏膜(男、女)、发根细胞(女性).

2. 器具

普通显微镜、荧光显微镜、恒温水浴锅、漱口杯(灭菌)、载玻片、盖玻片、镊子、压舌板或牙签、滤纸、纱布等.

3. 试剂

50%的乙醇、70%的乙醇、95%的乙醇、乙醚、改良碱性品红、盐酸喹吖、MacIlvaine缓冲液、石蜡.

【方法与步骤】

(一) X 小体的观察

1. 取材

取女生口腔黏膜(男生做对照). 取材前载玻片用去污剂和蒸馏水彻底冲洗后再经 70%的乙醇冲洗,在火焰上烘干备用.(因不清洁的载玻片会在操作过程中使上皮细胞脱落,导致实验失败.)

取材前供试者必须用自来水漱口 3 次,除去口腔中的部分细菌和一些即将脱落的已退化的黏膜上皮细胞. 因为人体口腔中细菌也很容易被染色,如果被染色的细菌碰巧也处于核膜附近,就很容易和性染色质体混淆.

取材时,供试者张开嘴,试验者用压舌板或牙签轻轻刮脸颊内壁,将第一次的刮取物弃去,第二次刮下来的细胞在绝对洁净的载玻片上涂成占较大面积的薄层(至少制备两张涂片).

2. 固定

空气中干燥至制片干后,滴上固定液(95%的乙醇:乙醚=1:1)固定 20~30 min,空气干燥.

3. 染色制片

滴加 1~2 滴改良品红于室温下染色 10~20 min(勿使之干燥),盖上盖玻片,垫上滤纸用手指轻轻加压后镜检(若不镜检,待干后立即放入 95%的乙醇中 30 min 以上,置冰箱内保存).

若取发根细胞:拔取女生的(男生作对照)一根带有毛囊的头发(2~3 cm 长),置于载玻片上弃发干,滴上固定液(95%的乙醇:乙醚=1:1)于毛囊上,固定 1 min 左右,盖上盖玻片,酒精灯上微热,静置 5 min 后盖一滤纸压片.

4. 镜检

低倍镜下计数 100 个核膜完整、细胞不重叠、无核固缩的细胞,并于高倍镜或油镜下观察(图 13-2、图 13-3)

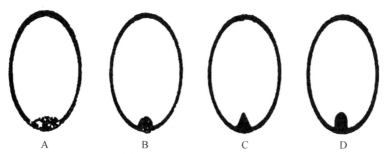

A、B、C、D 分别表示不同细胞中出现的 X 小体的不同形状

图 13-2 X 小体的各种形状

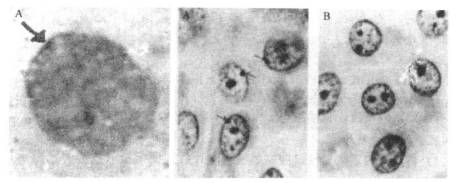

A:正常女性的细胞,在核膜附近存在巴氏小体;B:正常男性的细胞,在核膜附近无巴氏小体

图 13-3 人口腔 X 小体

(二) Y 小体的观察

1. 取材固定

口腔黏膜细胞的取材固定与 X 小体的观察方法相同.

2. 染色制片

将制好的涂片放入固定液(95%的乙醇:乙醚=1:1)中固定 15~30 min→95%的乙醇处理 20 min → 0.5%的二盐酸喹吖水溶液染色 10 min→自来水洗 1 min→加 1~2 滴 MacIlvaine 缓冲液(pH 5.4~8.0)→盖上盖玻片.

3. 荧光显微镜检查

先用低倍镜,再用高倍镜或油镜观察.整个细胞发出荧光者不计.

【实验结果与分析】

1. X 小体

油镜下可见 X 小体为一致密的浓染小体,轮廓清晰,直径约 $1~\mu m$,常附着于核膜边缘或靠边内侧,其形态有三角形、卵形、扁平形等;正常女性间期细胞核中 X 小体所占的比例为 30%~50%(由于口腔黏膜较其他材料制片细胞少,故凡不处于边缘的 X 小体不予计数),男性中则偶尔可见(2%),且不典型.

2. Y 小体

荧光显微镜下可见细胞核中有发亮的荧光小体,直径 $0.3\sim0.5~\mu m$,正常情况下 Y 小体的出现率为 25%~50%.正常女性无.性异常者,如核型为 47,XYY 的个体,可见两个 Y 小体.

作业与思考题

1. 统计 X、Y 小体的出现频率,画 2~3 个典型细胞,并表示出 X 小体的形态和所处部位.

2. 计算显示 Y 小体细胞的频率.

3. Barr 小体分析技术在人类遗传学工作中有什么用途?为什么 Barr 小体一般出现在核膜边缘?

实验十四　人体外周血淋巴细胞的培养及染色体观察

人体外周血细胞在特定的条件下培养,可以分裂、增殖. 由于取材方便安全,通常用于有丝分裂中期染色体核型分析,以便检测染色体结构和数目的异常.

【实验目的】

掌握人体外周血淋巴细胞悬浮培养的原理和微量血液体外培养制备染色体标本的方法,了解人类染色体的基本形态特征.

【实验原理】

人体外周血液中的小淋巴细胞几乎都处在 G_1 期(或 G_0 期),一般情况下是不再分裂的. 在培养液中加入植物凝血素(PHA)时,这种小淋巴细胞受刺激转化成为淋巴母细胞,随后进入有丝分裂. 这样经过短期培养,秋水仙素的处理,低渗和固定,就可获得大量的有丝分裂细胞. 本方法已在临床医学、病毒学、药理学、遗传毒理学等方面广泛应用.

【实验器材与药品】

1. 材料

人体外周血淋巴细胞.

2. 器具

(1) 器具:2 mL 的灭菌注射器、离心管、吸管、试管架、量筒、培养瓶、试剂瓶、酒精灯、烧杯、载玻片、切片盒、天平、离心机、恒温培养箱、显微镜.

(2) 器皿的清洗和消毒:玻璃器皿在使用前,均应用肥皂水洗刷,清水冲净,烘干后浸泡在洗涤液中至少 2 h,再用流水冲洗,烘干后装入铝盒或用纸包装,放入干燥消毒箱内,150 ℃条件下 1 h.隔离衣、口罩、橡皮塞、注射用针筒等则用高温高压消毒(15 磅 15 min).

3. 药品

(1) RPMI1640 培养基:称取"1640"粉末 10.5 g,用 1 000 mL 双蒸水溶解. 如溶液出现混浊或难以溶解,可用干冰或 CO_2 气体处理;如 pH 降至 6.0,则可溶解而透明. 每 1 000 mL 溶液加 $NaHCO_3$ 1.0~1.2 g,以干冰或 CO_2 气体校正 pH 至 7.0~7.2.立即以 5 号或 6 号过滤灭菌器灭菌,分装待用.

(2) 肝素:作为抗凝剂使用. 称取该粉末 160 mg(每毫克含 126 单位),用 40 mL 生理盐水溶解,此溶液的浓度为 500 单位/mL.高压消毒(8 磅 15 min).

(3) 秋水仙素:作为有丝分裂的阻止剂,它能改变细胞质的黏度,抑制细胞分裂时纺锤体的形成,使细胞分裂停留在中期.称取秋水仙素 4 mg,用 100 mL 生理盐水溶解,用 6 号过滤灭菌器过滤,然后放入冰箱 4 ℃下保存.使用时用 1 mL 的注射器吸取该溶液 0.05～0.1 mL 加入 5 mL 的培养物中,其最终浓度为 0.4～0.8 $\mu g/mL$.

(4) 植物凝血素(PHA):淋巴细胞有丝分裂刺激剂.提取 PHA 的方法有以下两种.

① 盐水浸取法:最好用皮色四季豆,但其他颜色(如红斑色、黑色、黄色、白色)的亦可.取豆子 20 g,用水洗净后水浸过夜(4 ℃),次日倒去水分,将豆子放入组织搅碎器内,加 30 mL 生理盐水,开动搅碎器使之成为黏糊状,再向搅碎器内加 70 mL 生理盐水,混合均匀.置冰箱 24 h 后以 3 000 r/min 离心 15 min,取上清液,用生理盐水稀释 10 倍,5 号过滤灭菌器过滤,分装小瓶,冰冻保存.

② 乙醇乙醚提取法:取四季豆 50 g,取先用生理盐水洗净.将豆浸入 60 mL 盐水中,保存于 4 ℃冰箱内,24 h 后用组织搅碎器将其磨成匀浆,再加 140 mL 盐水,置 4 ℃冰箱中 24 h,取出后以 6 000 r/min 离心 20 min,吸取上清液,调 pH 至 5.6(用 0.1 mol/L HCl 调)之后,每 100 mL 上清液加 40 mL 无水乙醇,加以搅拌,以 3 000 r/min 离心 15 min,取上清液,弃去沉淀.在每 100 mL 上清液中加 170 mL 10%的乙醚无水乙醇(10 mL 乙醚＋90 mL 无水乙醇)以 3 000 r/min 离心 15 min,取沉淀放入培养皿中,在含有硅胶的抽气干燥器中抽气 2～4 d,沉淀物逐渐变得干硬.将沉淀物研磨成粉末,以 0.85%的 NaCl 液配成 1%的溶液.此 PHA 溶液经细菌滤器过滤后分装在小瓶中,冰冻保存.使用时每 5 mL 培养物加 0.1 mL 即可.如果在得到沉淀物后的干燥及研磨等过程中充分保持灭菌操作,那么配成的 PHA 溶液便无需用细菌滤器过滤.

(5) 抗生素:取青霉素(以每瓶 40 万单位为例)1 瓶以 4 mL 生理盐水(或培养基)稀释,则每毫升含 10 万单位.取 1 mL 加入 100 mL 培养基中,则最终浓度为 100 单位/mL.

取链霉素(以每瓶 50 万单位为例)1 瓶以 2 mL 生理盐水(或培养基)稀释,则每毫升含 25 万单位.取 0.4 mL(含 10 万单位)加入 1 000 mL 培养基中,则每毫升含有 100 单位(即 100 μg).(100 万单位＝1 g,1 g＝1×10^6 μg)

(6) 姬姆萨染液:取 0.5 g 姬姆萨粉末,加 33 mL 纯甘油,在研钵中研细,放在 56 ℃恒温水浴锅中保温 90 min,再加入 33 mL 甲醇,充分搅拌,用滤纸过滤,收集在棕色细口瓶中保存,作为原液.用时以磷酸缓冲液(pH 7.4)1∶10 的比例稀释.

(7) 0.1 mol/L 的磷酸缓冲液(pH 7.4～7.6):取 $Na_2HPO_4 \cdot 12H_2O$ 28.8 g 和 KH_2PO_4(无水)2.67 g,溶解于 1 000 mL 双蒸水中;或者取 $Na_2HPO_4 \cdot 7H_2O$ 2.164 g 和 $NaH_2PO_4 \cdot 2H_2O$ 0.3 g,溶解于 1 000 mL 双蒸水中.

【实验步骤】

1. 培养液的分装

在无菌室或超净台,用移液管将培养液和其他各试剂分装入培养瓶,每瓶组成成分含量为:

培养液(RPMI1640 或 M199)	4 mL
小牛血清	1 mL
PHA	0.2 mL
肝素	0.05 mL
双抗(青霉素加链霉素)	培养液中最终浓度各为 100 单位/mL

用3.5%的$NaHCO_3$调pH到7.2~7.4,分装到20 mL的玻璃瓶中,用橡皮塞塞紧,待用或置于0 ℃条件下保存.用前从冰箱内取出,放入37 ℃的恒温锅中温育10 min.

2. 采血

用2 mL灭菌注射器吸取肝素(500 单位/mL)0.05 mL湿润管壁.用碘酒和乙醇消毒皮肤,自肘静脉采血约0.3 mL,在酒精灯火焰旁自橡皮塞向培养瓶内(内含有生长培养基5 mL)接种,轻轻摇动几次,直立置37℃±0.5℃恒温箱内培养.

3. 培养

置37 ℃温箱内培养66~72 h.

4. 秋水仙素处理

培养终止前在培养物中加入浓度为40 μg/mL的秋水仙素0.05~0.1 mL,最终浓度为0.4~0.8 μg/mL,置温箱中处理2~4 h.

5. 低渗处理

低渗液的种类较多,如0.075 mol/L的KCl溶液,0.95%的枸橼酸钠溶液,用蒸馏水稀释4倍的Hanks液,也可直接用蒸馏水.秋水仙素处理完毕,小心地从温箱取出培养瓶,用滴管吸弃上清液,培养物沉积在瓶底,然后加入温育的低渗液5 mL,用滴管轻轻冲打成细胞悬液,装入离心管中置37℃温箱内处理20 min,使红细胞破碎,白细胞膨胀.

6. 离心

以1 000 r/min的转速离心5 min,弃去上清液,收集白细胞.

7. 固定

固定液为甲醇:冰醋酸=3:1.每支离心管中,加入固定液2~4 mL,片刻后用滴管轻轻冲打成细胞悬液,在室温下固定15 min后,离心,吸弃上清液,留下白细胞.

8. 再固定

加入固定液 2 mL,用吸管轻轻打散,室温下继续固定 15 min(过夜也可以).

9. 再离心

除去上清液,留下白细胞制片.

10. 制片

向上述离心管中滴入固定液 0.5 mL,用滴管小心冲打成悬液.从冰箱的冰格中或冰水中取出载玻片,每片滴加悬液 1~3 滴,用嘴轻轻吹散,用电吹风吹干,或在酒精灯火焰上微微烤干.

11. 染色

用磷酸缓冲液(pH7.4)稀释后的姬姆萨染色液染色 20 min,然后倒去染色液,用蒸馏水轻轻冲洗.

12. 镜检

待稍干后,在显微镜下检查.先在低倍镜下寻找良好的分裂相,然后用高倍油镜观察.

13. 封片

用加拿大树胶封片.选择染色体清晰、分散度好的细胞进行显微摄影,并进行核型分析.

人体外周血淋巴细胞培养与染色体标本制作过程如图 14-1 所示.

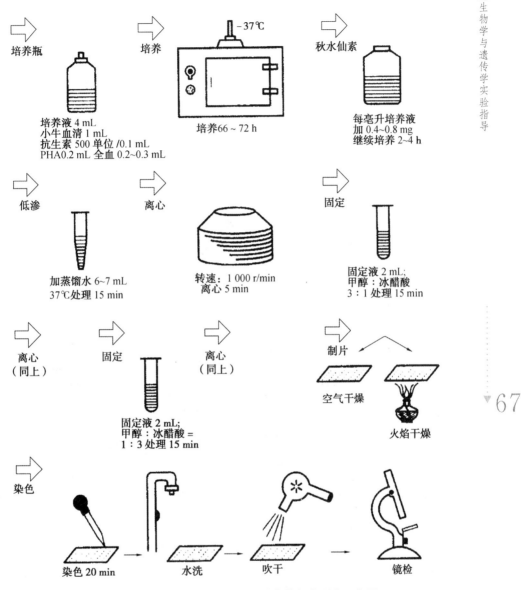

图 14-1 人体外周血淋巴细胞培养与染色体标本制作示意图

【注意事项】

1. 接种的血样愈新鲜愈好,最好是在采血后 24 h 内进行培养,如果不能立刻培养,应置于 4 ℃ 条件下存放.避免保存时间过久,否则会影响细胞的活力.

2. 培养成败的关键,除了至为重要的 PHA 的效价外,培养温度和培养液的酸碱度也十分重要.人体外周血淋巴细胞培养最适温度为 (37±0.5) ℃.培养液的最适 pH 为 7.2~7.4.

3. 培养过程中,如发现血样凝集,可将培养瓶轻轻振荡,使凝块散开,继续放回37 ℃恒温箱内培养.

4. 制片过程中,如发现细胞膨胀得不大,细胞膜没有破裂,染色体聚集一团伸展不开,可将固定时间延长数小时或过夜.

【结果观察与分析】

核型分析:人类每个体细胞有46条染色体,22对常染色体和1对性染色体.男子是46,XY;女子是46,XX(见图14-2).

图14-2 人体淋巴细胞染色体(46,XX)

求取以下三个参数:

(1) 染色体的相对长度=(单个染色体长度×1 000)÷(22条常染色体总长+1条X染色体长度).

(2) 臂比率=长臂长度÷短臂长度.

(3) 着丝点指数=(短臂长度÷染色体全长)×100.

可以将人的46条染色体分成A、B、C、D、E、F、G七群,作为进一步识别和鉴定染色体的依据.

作业与思考题

1. 培养基中添加 PHA 和小牛血清的作用是什么?
2. 在制片过程中如低渗不足或低渗过度会出现什么情况?
3. 哪些因素会影响制片过程中染色体的分散?

实验十五　小鼠骨髓细胞染色体标本的制备与观察

染色体的数目和形态特征具有物种的特异性,即物种的染色体数目与形态是相对稳定的.染色体携带基因是生物个体生长、发育、分化及衰老死亡的重要遗传信息.通过染色体数目、形态、结构的分析,可以了解某一物种最基本的遗传物质特征,通过近缘物种染色比较,还可以了解物种进化关系.而制备优良的细胞学标本是进一步开展染色体分带、组型分析和原位杂交的前提.

【实验目的】

学习细胞收集、低渗、滴片技术手段,掌握实验动物骨髓细胞染色体标本的制备方法,观察和了解小鼠染色体的数目及形态特征.

【实验原理】

染色体(chromosome)是细胞分裂过程中染色质处于高度螺旋化后的一种形态.一般染色体由着丝点(centromer)分开的两臂组成,根据着丝点在染色体的位置,分为长臂(q)和短臂(p)两部分,由于长短臂的大小及着丝点位置的不同,将染色体分为三类,即中央着丝粒染色体、亚中央着丝粒染色体和近端着丝粒染色体.不同的生物其染色体的组成类型不同,如人类的体细胞染色体(2n=46)三种类型都有,而小白鼠的体细胞染色体则都为近端着丝粒染色体(图 15-1),其数目为 $2n=40$.骨髓细胞具有旺盛的分裂增殖能力.在骨髓细胞中,有丝分裂细胞所占的比例比一般细胞大.在染色体制片前,为积累更多的有丝分裂中期细胞,可在收集细胞前用秋水仙素处理.动物的骨髓是重要的造血器官,它通过细胞分裂不断补充体内的需要,如将秋水仙素注射到动物的腹腔内,经肠系膜吸收并可转运到骨髓,结果使正在分裂的细胞不能形成纺锤体,使得染色体停在中期状态,经过处理和制片后就可以清楚地观察到染色体.对于大型动物可以采取骨髓穿刺术获得红骨髓,在

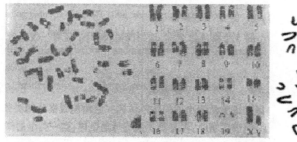

图 15-1　小鼠骨髓细胞染色体制片核型分析

临床上用于一些血液疾病的研究分析.另外,通过制备的骨髓染色体标本,可以观察毒性物质在体内对细胞染色体的影响.同时,在检测环境致突剂方面,也有其独特的优点.方法简便、易于掌握,一般实验室均可进行.因此,此法也是用动物实验检测有害物质对机体遗传物质损伤的实验方法之一.

【实验器材与试剂】

1. 材料

小白鼠.

2. 器具

解剖剪、解剖镊、5 mL 的注射器、4 号针头、10 mL 的刻度离心管、试管、毛细滴管、培养皿、冰水载玻片、托盘天平、恒温水浴箱、离心机、光学显微镜、乙醇纱布及其他一般用品.

3. 试剂

500 μg/mL 的秋水仙素溶液、0.075 mol/L 的氯化钾溶液、甲醇、冰醋酸、姬姆萨染液、香柏油、二甲苯等.

【实验步骤】

1. 预处理

实验前 3~4 h,以 0.1 mL/10 g 体质量(5 μg/g)向小白鼠腹腔内注入秋水仙素溶液,注射总量不宜超过 2 mL.

2. 取材

秋水仙素处理 4~8 h 后,用脱臼法(断颈)处死小白鼠.解剖取出股骨,刮净骨上的肌肉并用乙醇纱布清除其上黏附的肌肉及结缔组织,洗净,剪去股骨两端的少许骨骺及骨皮质,暴露骨髓质.然后用注射器吸取预温 37 ℃ 的 0.075 mol/L 的 KCl 溶液 0.5 mL,缓慢冲洗骨髓腔,将骨髓冲入离心管.然后将毛细滴管插入离心管内缓慢地反复抽吸,使骨髓细胞团冲散,制成均匀的细胞悬液.

3. 低渗

向上述离心管内注入预温 37 ℃ 的 KCl 溶液至 9 mL,混匀后置 37 ℃ 水浴箱内水浴 30 min.

4. 离心

将两离心管配平后,对称放入离心机内,以 2 500 r/min 的转速离心 5 min,弃上清液,留 0.5 mL 沉淀物,悬浮细胞,制成细胞悬液.

5. 固定

向离心管内加入新配制的固定液(甲醇∶冰醋酸=3∶1)至 5 mL,充分混匀后,室温下固定 25 min;然后以 2 500 r/min 的转速离心 5 min,去上清液,留沉淀细胞,再加入固定液,固定 10 min.重复上述固定步骤一次.最后一次看细胞多少留取适量沉淀物,混匀制成细胞悬液.

6. 制片

取少量细胞悬液,由高处(30 cm 左右)滴 2～3 滴到预冷的载片上,酒精灯烤片片刻,放在片盘上,晾干后装入片盒中用口吹散,晾干.

7. 染色

将标本放入培养皿内,用 1∶10 的 Giemsa 染液覆盖于载玻片上,15 min 后取出载片,清水冲洗,待制片干燥后置显微镜下观察.

8. 观察

首先,将制作好的标本放在低倍镜下寻找分散良好的中期分裂相,再换高倍镜或油镜观察.小鼠染色体形态数目与人类染色体不同,小鼠全部为端着丝粒染色体,$2n=40$.通过观察可见,小白鼠染色体全部呈"V"字形或"U"字形,都为近端着丝粒染色体,短臂很难看出.

【注意事项】

1. 小白鼠的体质量最好为 22～25 g.因其体质量较大,股骨相对较大,便于取材(骨髓).因小白鼠的后足相对较长,有的同学取材时误把胫腓骨当成股骨,因而从中间剪断后无法取到骨髓.

2. 冰水载玻片以冰水上面结一层薄冰为宜.

3. 在用乙醇纱布处理股骨上的软组织时,不要让组织块掉入离心管中.

4. 可参照实验十四染色体标本制备过程中的注意事项.

作业与思考题

1. 绘制小白鼠骨髓细胞染色体图.
2. 说明小白鼠骨髓细胞染色体的主要制备过程.
3. 在本实验中,秋水仙素、低渗液、固定液和冰片的作用是什么?
4. 小白鼠腹腔内提前注射秋水仙素的意义是什么?

实验十六 过氧化氢酶活性的测定与定位

过氧化氢酶普遍存在于植物的所有组织中,其活性与植物的代谢强度及抗寒、抗病能力有一定关系.

【实验目的】

掌握过氧化氢酶活性测定的方法,熟悉显示细胞中多糖和过氧化物酶反应的原理和方法.

【实验原理】

过氧化氢酶(catalase)属于血红蛋白酶,含有铁,它能催化过氧化氢分解为水和分子氧,在此过程中起传递电子的作用,过氧化氢则既是氧化剂又是还原剂.可根据 H_2O_2 的消耗量或 O_2 的生成量测定该酶活力大小.在反应系统中加入一定量(反应过量)的过氧化氢溶液,经酶促反应后,用标准高锰酸钾溶液(在酸性条件下)滴定多余的过氧化氢,即可求出所消耗 H_2O_2 的量.

高碘酸-雪夫试剂反应,简称 PAS 反应.主要是利用高碘酸作为强氧化剂,这种强氧化剂能打开 C—C 键,使多糖分子中的乙二醇变成乙二醛,氧化所得到的醛基与 Schiff 试剂反应形成紫红色化合物.颜色的深浅与糖类的多少有关.

细胞内的过氧化物酶能把联苯胺氧化为蓝色或棕色络合物,根据蓝色或棕色的出现来表示过氧化物酶的存在.

【实验器材与试剂】

1. 材料

小麦叶片、马铃薯块茎、洋葱根尖或洋葱鳞茎.

2. 器具

研钵、三角瓶、酸式滴定管、恒温水浴箱、容量瓶、显微镜、镊子、染色钵、刀片、载玻片、盖玻片、吸水纸等.

3. 试剂

(1) 10% 的 H_2SO_4 溶液.

(2) 0.2 mol/L、pH7.8 的磷酸缓冲液.

(3) 0.1 mol/L 的高锰酸钾标准液:称取 $KMnO_4$(AR)3.160 5 g,用新煮沸的冷却蒸馏水配制成 1 000 mL,再用 0.1 mol/L 的草酸溶液标定.

(4) 0.1 mol/L 的 H_2O_2:市售 30% 的 H_2O_2 大约等于 17.6 mol/L. 取市售

30％的 H_2O_2 溶液 5.68 mL,稀释至 1 000 mL,用标准 0.1 mol/L 的 $KMnO_4$ 溶液(在酸性条件下)进行标定.

(5) 0.1 mol/L 的草酸:称取优级纯 $H_2C_2O_4 \cdot 2H_2O$ 12.607 g,用蒸馏水溶解后,定容至 1 000 mL.

(6) 高碘酸溶液:高碘酸($HIO_4 \cdot 2H_2O$)0.4 g,95％的乙醇 35 mL,0.2 mol/L 的醋酸钠溶液(2.72 g 醋酸钠溶于 100 mL H_2O)5 mL,蒸馏水 10 mL.

(7) Schiff 试剂(配法见 Feulgen 反应).

(8) 亚硫酸水溶液(配法见 Feulgen 反应).

(9) 70％的乙醇.

(10) 联苯胺溶液:在 0.85％的盐水内加入联苯胺至饱和为止.临用前加入体积分数为 20％的 H_2O_2,每 2 mL 加一滴.

(11) 0.1％的钼酸铵溶液:称取 0.1 g 钼酸铵溶于 100 mL 0.85％的盐水中.

【方法与步骤】

(一) 过氧化氢酶活性的测定

1. 酶液的提取

取小麦叶片 2.5 g 加入 pH7.8 的磷酸缓冲溶液少量,研磨成匀浆,转移至 25 mL 容量瓶中.用该缓冲液冲洗研钵,并将冲洗液转至容量瓶中,用同一缓冲液定容,以 4 000 r/min 离心 15 min 后所得上清液即为过氧化氢酶的粗提液.

2. 酶活性的测定

取 50 mL 的三角瓶 4 个(两个用于测定,另两个为对照).测定瓶内加入酶液 2.5 mL,对照瓶内加煮过的酶液 2.5 mL,再加入 2.5 mL 0.1 mol/L 的 H_2O_2.同时计时,于 30 ℃恒温水浴中保温 10 min,立即加入 10％的 H_2SO_4 2.5 mL.用 0.1 mol/L 的 $KMnO_4$ 标准溶液滴定,至出现粉红色(在 30 min 内不消失)为终点.

(二) 多糖和过氧化物酶的测定

1. 细胞中多糖的测定(高碘酸-雪夫(PAS)反应)

把马铃薯块茎用刀片徒手切成薄片,浸入高碘酸溶液中 5～15 min,然后移入 70％的乙醇中浸片刻,Schiff 试剂染色 15 min.亚硫酸溶液洗 3 次,每次 1 min,蒸馏水洗片刻,装片镜检.

2. 细胞中过氧化物酶的测定(联苯胺反应)

把洋葱根尖徒手切成 20～40 μm 厚的薄片或用镊子撕取洋葱鳞茎内表皮一小块,浸入溶有 0.1％钼酸铵的 0.85％盐水溶液中 5 min(钼酸铵起催化作用),浸入联苯胺溶液内 2 min 至切片出现蓝色.再在 0.85％的盐水溶液中洗 1 min 后将薄片置于载玻片上展开,盖上盖玻片,显微镜下检查.

作 业

1. 结果计算

酶活性用每克鲜质量样品 1 min 内分解 H_2O_2 的毫克数表示:

过氧化氢酶活性$(mg \cdot g^{-1} \cdot min^{-1}) = (A-B) \times V_T / (W \times V_S \times 1.7 \times t)$

式中: A 为照 $KMnO_4$ 滴定毫升数; B 为酶反应后 $KMnO_4$ 滴定毫升数; V_T 提取酶液总量(mL); V_S 为反应时所用酶液量(mL); W 为样品鲜质量(g); t 为反应时间(min); 1.71 mL 0.1 mol/L 的 $KMnO_4$ 相当于 1.7 mg H_2O_2。

2. 简述 PAS 反应及联苯胺反应的原理。

3. 绘图示细胞中多糖及过氧化物酶的分布。

实验十七　线粒体和液泡系的活细胞染色

活体染色是指对细胞或组织在活体状态下进行的一种无毒无害的染色方法。通过活体染色可以显示出活细胞内的某种天然结构存在的真实性，不影响细胞的生命活动和产生任何物理、化学变化。该方法可用于研究生活状态下的细胞结构及生理和病理变化。

【实验目的】

掌握细胞超活染色制作光镜标本的方法，了解线粒体和液泡系的基本形态、数量和分布。

【实验原理】

活体染色包括体内活染和体外活染两类。体外活染又称为超活染色，指从活的动植物体分离出组织小块或部分细胞，以染液浸染，使得染料选择性结合在细胞的特定结构上而显色。

詹纳斯绿 B(Janus green B)和中性红(neutral red)两种碱性染料毒性小，是活体染色最重要的染料，对于线粒体和液泡系各具专一性。

线粒体是细胞内一种重要的细胞器，是细胞进行呼吸作用的场所。詹纳斯绿 B 是线粒体的专一性活体染色剂。这是因为线粒体内的细胞色素氧化酶系可使染料保持氧化状态呈蓝绿色，而在线粒体周围的细胞质中染料被还原为无色的色基。

细胞内凡是由膜所包围的小泡和液泡除线粒体外都属于液泡系，包括高尔基复合体、溶酶体、微体、吞噬泡等。中性红是液泡系专一的活体染色剂，可将活细胞中液泡系染成红色。中性红染色可能与液泡中的某些蛋白有关。

【实验器材与试剂】

1. 器具

显微镜、手术器械、解剖盘、小平皿、载玻片、盖玻片、吸水纸、吸管、牙签等。

2. 材料与试剂

小鼠、线粒体超活染色标本、1/5 000 的詹纳斯绿 B 和 1/3 000 的中性红混合染液、Ringer 液(哺乳类用)。

【方法与步骤】

1. 口腔上皮细胞线粒体的超活染色

(1) 在洁净的载玻片上滴 2~3 滴詹纳斯绿 B 和中性红混和染液.

(2) 用消毒牙签在口腔颊部刮取口腔黏膜上皮,在染液中搅匀,染色 15 min.

(3) 盖上盖玻片后镜检.镜下可见细胞质中散在的被染成亮绿色的短杆状或颗粒状线粒体.

2. 小鼠肝细胞的超活染色

(1) 小鼠颈椎脱臼处死,迅速打开腹腔,剪取肝脏边缘较薄的组织,置于含 Ringer 液的平皿中,挤压去除组织中的血液,洗涤 2~3 次后吸去 Ringer 液.

(2) 平皿内加詹纳斯绿 B 和中性红混和染液.注意让组织块上表面微露在染液外面,以使细胞内线粒体的酶系可进行充分的氧化,从而使线粒体着色.

(3) 染色 25~30 min 后,可见组织块边缘被染成蓝色.将组织块用 Ringer 液洗涤 1 次后转移至载玻片上,用镊子将组织块拉碎,使部分细胞或细胞群从组织块脱离分散.

(4) 去除稍大的组织块,使游离的细胞或细胞群留在载玻片上,盖上盖玻片,镜检.镜下可见肝细胞内含量丰富的线粒体被染成蓝绿色,呈颗粒状.

作业与思考题

1. 绘制人口腔上皮和小鼠肝细胞的超活染色图像.
2. 线粒体和液泡系活体染色的原理是什么?

实验十八　粗糙链孢霉的杂交

粗糙链孢霉的子囊孢子是单倍体细胞,由它发芽长成的菌丝体也是单倍体,所以一对等位基因决定的性状在杂交子代中就能分离.在粗糙链孢霉中,一次减数分裂产物包含在一个子囊中,所以很容易看到一次减数分裂所产生的四分体中一对基因的分离.如果这一对等位基因与子囊孢子的颜色或形状有关,那么在显微镜下可以直接观察到子囊的不同排列方式.

【实验目的】

通过对粗糙链孢霉的赖氨酸缺陷型和野生型杂交所得后代的表现型的分析,了解顺序排列的四分体的遗传学分析方法,进行有关基因的着丝粒距离的计算和作图.

【实验原理】

粗糙链孢霉属于真菌中的子囊菌纲.它是进行顺序排列的四分体的遗传学分析的好材料.粗糙链孢霉的菌丝体是单倍体($n=7$),每一菌丝细胞中含有几十个细胞核,由菌丝顶端断裂形成分生孢子.分生孢子有两种,小型分生孢子中含有一个核,大型分生孢子中含有几个核.分生孢子萌发成菌丝,可再生成分生孢子,周而复始,这就是粗糙链孢霉的无性生殖过程.

粗糙链孢霉的菌株有两种不同的接合型,用 mt^+、mt^- 表示,它们受一对等位基因控制.不同接合型菌株的细胞接合产生有性孢子,这一过程称为有性生殖.有性生殖可以通过下列两种方式进行:

1. 当菌丝在有性生殖用的杂交培养基上增殖时,会产生许多原子囊果,内部附有产囊体.若另一接合型的分生孢子落在这原子囊果的受精丝上,分生孢子的细胞核就会进入受精丝,到达原子囊果的产囊体中,形成接合型基因的异核体.进入产囊体中的分生孢子核发生分裂,并进入产囊菌丝中,被隔膜分成一对细胞,形成钩状细胞,亦称原子囊.钩状细胞顶端细胞的两个核形成合子,合子核再进行减数分裂,成为四个单倍体的核,就是四分体.再进行一次有丝分裂,变成八个核,顺序地排列在一个子囊中.原子囊果在受精后增大变黑,成熟为子囊果.一个子囊果中集中着 30~40 个子囊,成熟的子囊孢子呈橄榄球状,长 30~40 μm,比 3~5 μm 的分生孢子要大得多.子囊孢子如经 60 ℃处理 30~60 min,便会发芽,长出菌丝,再度开始无性繁殖(图 18-1).

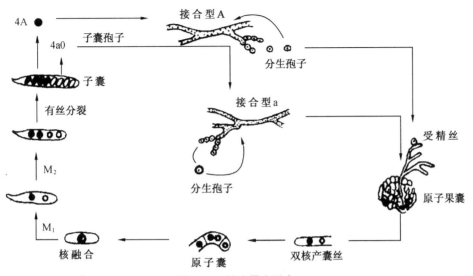

图 18-1 链孢霉生活史

2. 不同接合型菌株的菌丝连接,两种接合型的细胞核发生融合形成合子,产生子囊果.在粗糙链孢霉中,一次减数分裂产物包含在一个子囊中,所以很容易看到一次减数分裂所产生的四分体中一对基因的分离,这就直观地证明基因的分离,并证明基因在染色体上.同时由于8个子囊孢子顺序地排列在子囊中,这就可以测定着丝粒距离并发现基因转变.若两个亲代菌株有某一遗传性状的差异,那么杂交所形成的每一子囊,必定有4个子囊孢子属于一种类型,4个子囊孢子属于另一类型,它们的分离比例是1∶1,而且子囊孢子按一定的顺序排列.

本实验用赖氨酸缺陷型(Lys^-)与野生型(Lys^+)杂交,得到的子囊孢子分离为4个黑的(+),4个灰的(−).黑的孢子是野生型;赖氨酸缺陷型孢子成熟迟,所以呈灰色.根据黑色孢子和灰色孢子在子囊中的排列顺序,可有6种子囊类型(图18-2).

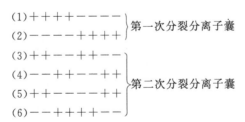

图 18-2 黑色孢子和灰色孢子(6种子囊类型)在子囊中的排列顺序

子囊型(1)和(2)的产生如图18-3所示.第一次减数分裂(M_1)时,带有Lys^+的两条染色单体移向另一极.Lys^+Lys^-这对基因在第一次减数分裂时分离,称第一次分裂分离.第二次减数分裂(M_2)时,每一染色单体相互分开,形成四分体,顺序是++−−或−−++,再经过一次有丝分裂,成为(1)和(2)子囊型.形成这两种子囊型时,在着丝粒和基因对Lys^+/Lys^-间未发生过交换,是第一次分裂分离子囊.

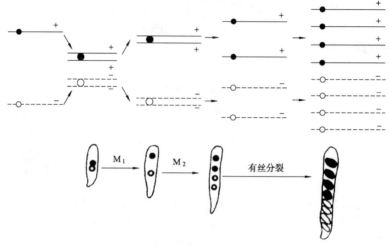

图 18-3　第一次分裂分离

子囊型(3)和(4)的形成如图 18-4 所示.由于 Lys 基因与着丝粒间发生了一个交换,Lys^+/Lys^- 在第一次减数分裂时没有分离,到第二次减数分裂(M_2)时,带有 Lys^+ 的染色单体才和带有 Lys^- 的染色单体相互分开,所以称为第二次分裂分离.然后再经一次有丝分裂,形成 4 个孢子对,顺序是＋＋－－＋＋－－或－－＋＋－－＋＋.这是第二次分裂分离子囊.

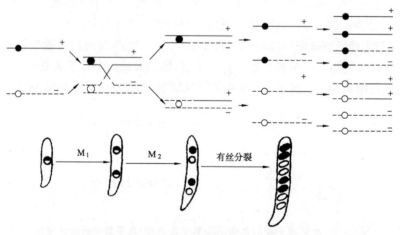

图 18-4　第二次分裂分离(A)

(5)和(6)子囊型的形成与(3)和(4)类似,也是两个染色单体发生了交换,不过交换不是发生在第 2 条染色单体与第 3 条染色单体之间,而是发生在 1、3 或 2、4 两条染色单体之间(图 18-5).

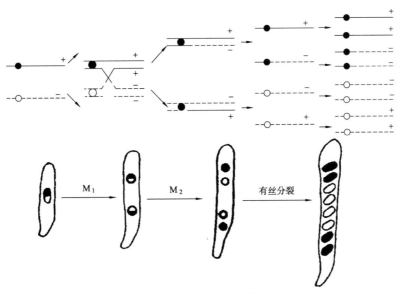

图 18-5　第二次分裂分离(B)

从上面的分析可知,第二次分裂分离子囊的出现,是由于有关的基因和着丝粒之间发生了一次交换的结果.第二次分裂分离子囊愈多,则有关基因和着丝粒之间的距离愈远.所以由第二次分裂分离子囊的频度可以计算某一基因和着丝粒之间的距离,这称为着丝粒距离.因为交换在两条染色单体之间发生而与另外两条无关,而每发生一次交换,产生一个第二次分裂分离子囊,所以,求出第二次分裂分离子囊在所有子囊中所占的比例,再乘以 1/2,就可以决定某一基因与着丝粒的重组值.

着丝粒和基因间的重组值＝(第二次分裂分离子囊数/子囊总数)×(1/2)×100%

重组值去掉％,即为图距:

某基因的着丝粒距离＝(第二次分裂分离子囊数/子囊总数)×(1/2)×100 图距单位

【实验器材与试剂】

1. 器具

显微镜、钟表、镊子、解剖针、载玻片、试管、培养皿.

2. 材料

(1) 粗糙链孢霉野生型菌株,Lys^+,接合型 mt^+.

(2) 粗糙链孢霉赖氨酸缺陷型菌株,Lys^-,接合型 mt^-.

3. 试剂及其配制

(1) 5％的次氯酸钠、5％的石炭酸.

(2) 培养基

① 基本培养基(野生型可生长,缺陷型不能生长):50 倍浓度的贮存液,配方如下:

柠檬酸钠·2H$_2$O(Na$_3$C$_6$H$_5$O$_7$·2H$_2$O)	125 g
KH$_2$PO$_4$	250 g
NH$_4$NO$_3$	100 g
MgSO$_4$·7H$_2$O	10 g
CaCl$_2$·2H$_2$O	5 g
生物素溶液(5 mg/100 mL)	5 mL
微量元素溶液	5 mL

(柠檬酸·2H$_2$O 5.00 g,ZnSO$_4$·7H$_2$O 5.00 g,Fe(NH$_4$)$_2$(SO$_4$)$_2$·6H$_2$O 1.00 g,CuSO$_4$·5H$_2$O 0.25 g,MnSO$_4$·H$_2$O 0.05 g,H$_3$BO$_3$·7H$_2$O 0.05 g,Na$_2$MoO$_4$·2H$_2$O 0.05 g,蒸馏水 100 mL)

氯仿	1 mL
蒸馏水	1 000 mL
氯仿(防腐)	2～3 mL

用前稀释贮存液,再加 1.5% 的蔗糖,pH5.8。如加 2% 的琼脂,即成基本固体培养基。

② 补充培养基:在基本培养基中补加一种或多种生长物质,如氨基酸、核酸碱基、维生素等。氨基酸用量一般是 100 mL 基本培养基中 5～10 mg。

本实验所用的补充培养基是在基本培养基中加适量的赖氨酸而成,这样,赖氨酸缺陷型菌株就能生长。

③ 完全培养基:

基本培养基	1 000 mL
酵母膏	5 g
麦芽汁	5 g
酶解酪素	1 g
维生素混合液	10 mL

(硫胺素 10 mg,核黄素 5 mg,吡哆醇 5 mg,泛酸钙 50 mg,对氨基苯甲酸 5 mg,烟酰胺 5 mg,胆碱 100 mg,肌醇 100 mg,叶酸 1 mg,蒸馏水 1 000 mL)

蔗糖	20 g

(为获得大量分生孢子,可用 1% 的甘油代替蔗糖。)

如加 2% 的琼脂,即为完全固体培养基。

④ 麦芽汁培养基:它可以代替完全培养基,配方简单。8 波美麦芽汁 2 份,蒸馏水 1 份,再加 2% 的琼脂。

⑤ 马铃薯培养基:它也可以代替完全培养基。将马铃薯洗净并去皮,切碎,取 200 g,加水 1 000 mL,煮熟。然后用纱布过滤,弃去残渣,滤下的汁加 2% 的琼脂、20 g 蔗糖,煮融,分装到试管中。也可将马铃薯切成黄豆大小的碎块,每支试管放 3～4 粒,再加入融化好的琼脂、蔗糖。

上述培养基都需分装到试管,然后在 8 磅压力下消毒 30 min,取出后斜摆,成为斜面备用.

⑥ 固体培养基(pH 6.5):

KH_2PO_4	1.0 g
$MgSO_4 \cdot 7H_2O$	0.5 g
KNO_3	1.0 g
$CaCl_2$	0.1 g
$CaCl_2 \cdot 2H_2O$	0.13 g
生物素	20 μg(或 5 mg/100 mL 的溶液 0.4 mL)
微量元素溶液(成分同基本培养基)	1 mL
蒸馏水	1 000 mL
蔗糖	20 g

上述配方中加 2%的琼脂糖即成固体培养基.

⑦ 杂交培养基:将玉米在水中浸软,破碎,每支试管内放 2~3 粒,加入少量琼脂(0.1 g 左右),再放入一小片经多次折叠的滤纸(长 3~4 cm),加上棉塞,消毒即成(不需摆斜面).

【实验步骤】

1. 菌种活化

为使菌种生长得更好,先要进行菌种活化.把野生型和赖氨酸缺陷型菌种从冰箱中取出,分别接在两支完全培养基试管斜面上,28 ℃温箱培养 5 d 左右,直到菌丝的上部有分生孢子产生.

2. 杂交

接种亲本菌株,可采用下述方法:

(1) 同时在杂交培养基上接种两亲本菌株的分生孢子或菌丝,25 ℃温箱进行混合培养.注意贴上标签,写明亲本菌株及杂交日期.在杂交后 5~7 d 就能看到许多棕色的原子囊果出现,以后原子囊变大变黑成子囊果,7~14 d 后就可以在显微镜下观察.

(2) 在杂交培养基上接种一个亲本菌株,25 ℃下培养 5~7 d 后即有原子囊果出现.同时准备好另一亲本菌株的分生孢子,悬浊于无菌水(近于白色的悬浊液)中,将此悬浊液加到形成原子囊果的培养物表面,使表面基本湿润即可(每支试管加约 0.5 mL),继续在 25 ℃下培养.原子囊果在加进分生孢子 1 d 后即可开始增大变黑成子囊果,7 d 后即成熟.

3. 显微镜观察

(1) 在长有子囊果的试管中加少量无菌水,摇动片刻,把水倒在空三角瓶中,加热煮沸,以防止分生孢子飞扬.

(2) 取一载玻片,滴 1~2 滴 5%的次氯酸钠,然后用接种针挑出子囊果放在载玻片上(若附在子囊果上的分生孢子过多,可先在 5%的次氯酸钠中洗涤,再移到载玻片上).用另一载玻片盖上,用手指压片,将子囊果压破,置显微镜下(10×15倍)检查,即可见到 30~40 个子囊.观察子囊中子囊孢子的排列情况(这里用载玻片盖上压片而不用盖玻片,是因为子囊果很硬,若用盖玻片压,盖玻片容易破碎).也可在显微镜下用镊子把子囊果轻轻夹破,挤出子囊.如发现 30~40 个子囊像一串香蕉一样,可加一滴水,用解剖针把子囊拨开.此过程无需无菌操作,但要注意不能使分生孢子散开.观察过的载玻片、用过的镊子和解剖针等物都须放入 5%的石碳酸中浸泡后取出洗净,以防止污染实验室.

具体操作步骤如图 18-6 所示.

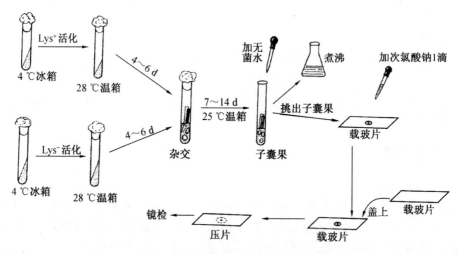

图 18-6　链孢霉杂交实验步骤示意图

【注意事项】

1. 实验步骤说明

(1) 实验所用的赖氨酸缺陷型,有时接种在完全培养基上也长不好,需要加适量赖氨酸.

(2) 杂交后培养温度要控制在 25 ℃.30 ℃以上会抑制原子囊果的形成.

2. 实验结果说明

(1) 赖氨酸缺陷型的子囊孢子成熟较迟.当野生型的子囊孢子已成熟而呈黑色时,赖氨酸缺陷型的子囊孢子还呈灰色,因而我们能在显微镜下直接观察不同的子囊类型.但是如果观察时间选择不当,就不能看到好的结果.过早,所有子囊孢子都未成熟,全为灰色;过迟,赖氨酸缺陷型的子囊孢子也成熟了,全为黑色,就不能分清子囊类型.所以在子囊果形成期间,要预先观察子囊孢子的成熟情况,选择适当时间进行显微镜观察.

(2) 有时观察到的子囊孢子的排列为＋＋＋＋＋＋——，＋＋——————，＋＋＋＋＋———，———＋＋＋＋＋，即为 6∶2 或 2∶6 的分离比和 5∶3 或 3∶5 的分离比.排除上面第(1)点说明的频率因基因位点不同而异,但一般在 1% 左右.

本实验用的赖氨酸缺陷型菌株为 Lys5.Lys5 基因位于第六连锁群,着丝粒距离约为 14.8 图距单位,可供实验结果计算时参考.

作　　业

1. 观察一定数目的子囊果,记录每个完整子囊的类型,计算 Lys 基因的着丝粒距离.
2. 绘制显微镜下观察到的杂交子囊图.
3. 说明粗糙链孢霉中基因分离现象和高等动物、高等植物中基因分离的主要区别.
4. 用图表示第六种子囊类型的形成.

实验十九　细胞膜通透性和细胞吞噬活动的观察

细胞膜的物质运输活动可以分为以下两大类型:一类是小分子和离子的穿膜运输;另一类是大分子和颗粒物质的膜泡运输.本项实验通过观察细胞膜的渗透性和细胞吞噬作用的过程,加深对细胞某些生理活动的理解.

【实验目的】

通过实验观察,加深对巨噬细胞吞噬能力、生物膜的选择通透性等生理现象的理解;进一步掌握临时装片技术和显微镜的使用方法.

【实验原理】

将红细胞置于低渗液中,因为细胞内的溶质浓度高于细胞外,所以液体很快进入细胞内,使红细胞胀破,血红蛋白散出,即出现溶血.将红细胞置于各种等渗溶液中,由于红细胞膜对各种溶质分子的通透性不同,有的分子能通过,有的不能通过;溶质分子种类不同,透过的速度也有差异.当溶质分子进入红细胞内时,胞内溶质增加,导致水分摄入,红细胞膨胀到一定程度时,细胞膜破裂而出现溶血.溶血现象发生时,浓密的红细胞悬液(不透明)会变成红色透明的血红蛋白溶液.

高等动物体内存在着具有防御功能的吞噬细胞系统.它由粒细胞和单核细胞等白细胞构成,是机体免疫系统的重要组成部分.在白细胞中,以单核细胞和粒细胞的吞噬活动较强,故它们常被称为吞噬细胞.单核细胞在骨髓中形成后会进入血液,通过毛细血管进入肝、脾、淋巴结及结缔组织中进一步发育,分化为巨噬细胞(macrophage).巨噬细胞是机体内的一种重要的免疫细胞,具有非特异性的吞噬功能.当机体受到细菌等病原体和其他异物侵入时,巨噬细胞将向病原体或异物游走(趋化性).当接触到病原体或异物时,伸出伪足将其包围并进行内吞作用,将病原体或异物吞入细胞,形成吞噬泡,进而初级溶酶体与吞噬泡发生融合,将异物消化分解掉.

本实验将观察小鼠的巨噬细胞对进入其体内的鸡红细胞进行吞噬的情况.

【实验器材与试剂】

1. 器材

光学显微镜、2 mL 的注射器、载玻片、刻度吸管、橡皮吸球、试管及试管架、手术剪、小镊子、记号笔、小白鼠.

2. 试剂及其配制

(1) 6%的淀粉肉汤：称取牛肉膏 0.3 g、蛋白胨 1.0 g、氯化钠 0.5 g 和台盼蓝 (trypan blue) 0.3 g，分别加入到 100 mL 蒸馏水中溶解，再加上可溶性淀粉 6 g，混匀后煮沸灭菌，置于 4℃下保存，使用时温浴溶解.

(2) 0.17 mol/L 的氯化钠溶液：称取 4.967 g 氯化钠溶于 500 mL 蒸馏水中.

(3) 0.32 mol/L 的葡萄糖溶液：称取 28.83 g 葡萄糖溶于 500 mL 蒸馏水中.

(4) 0.32 mol/L 的甘油溶液：量取 11.7 mL 甘油 (1.26 g/mL)，加蒸馏水 500 mL，混匀.

(5) 0.32 mol/L 的乙醇溶液：量取 9.33 mL 无水乙醇，加蒸馏水至 500 mL，混匀.

(6) 500 U/mL 的肝素：取安瓿装肝素注射液 1 支 (12 500u)，用注射器抽出 2 mL 肝素加入到 23 mL 生理盐水中混匀，4℃下保存.

(7) 1% 的鸡红细胞悬液：取 1 mL 鸡血 (加肝素抗凝)，加入 99 mL 生理盐水中.

(8) 10% 的兔红细胞悬液：取 10 mL 兔血 (加肝素抗凝)，加入 90 mL 生理盐水中，混匀.

【方法与步骤】

1. 红细胞膜通透性的观察

每组一套实验器材，注意各种试剂的标签.试管要根据实验所要装的溶液种类来编号，移液管也要对应编号.切勿混淆弄错，交叉使用，以保证实验结果的准确性.

(1) 轻轻摇匀装有 10% 的人红细胞悬液的小瓶，隔着瓶看不见后面纸上的字，说明该红细胞悬液是不透明的.

(2) 观察人(或兔)红细胞在低渗溶液中的溶血现象：将 0 号试管加入 0.3 mL 人红细胞悬液，再加入 3 mL 蒸馏水，轻轻摇匀.注意观察溶液颜色的变化，隔着试管看后面纸上的字，能否看清楚？说明什么问题？记录溶血时间.

(3) 观察人(或兔)红细胞对各种物质的选择通透性：

① 在 1 号试管中加入 0.3 mL 人(或兔)红细胞悬液，再加入 3 mL 0.17 mol/L 的氯化钠，轻轻摇匀，观察是否出现溶血.

② 分别将下列三种等渗液按上述方法进行实验，并记下溶血时间.

0.3 mL 人(或兔)红细胞悬液＋3 mL 0.32 mol/L 的乙醇 (2 号试管)；

0.3 mL 人(或兔)红细胞悬液＋3 mL 0.32 mol/L 的葡萄糖 (3 号试管)；

0.3 mL 人(或兔)红细胞悬液＋3 mL 0.32 mol/L 的甘油 (4 号试管).

将实验结果填入下表：

编号	试 剂	是否溶血	溶血时间	结果分析
0	蒸馏水			
1	NaCl 溶液			
2	乙醇			
3	葡萄糖			
4	甘油			

2. 小鼠腹腔巨噬细胞吞噬活动的观察

在实验前两天,每天给每只小鼠腹腔注射 6% 的淀粉肉汤 1 mL(含台盼蓝),实验前先给每只小鼠腹腔注射 1% 的鸡红细胞悬液 1 mL, 25 min 后再向腹腔注射 0.5 mL 生理盐水, 3 min 后用颈椎脱臼法处死小鼠. 剪开腹腔,用注射器或吸管吸取腹腔液,滴一滴在载玻片中央,盖上盖玻片,在显微镜下观察.

在低倍镜下找到许多圆形或不规则形状的巨噬细胞,移至视野中央,换高倍镜观察. 镜下可发现细胞质中有数量不等的蓝色圆形小颗粒(吞入含台盼蓝淀粉肉汤所形成),还可以见到少量黄色椭圆形有细胞核的鸡红细胞. 在视野中可见到巨噬细胞吞噬鸡红细胞的不同阶段:有的红细胞紧贴在巨噬细胞表面;有的红细胞已部分被吞入;有的巨噬细胞已吞入一个或多个红细胞,形成了吞噬泡(图 19-1).

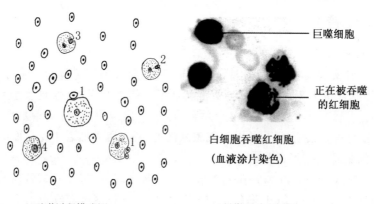

吞噬过程模式图　　　　　　　显微照片(油镜)

1:红细胞与巨噬细胞接触; 2、3:正在被吞噬的红细胞; 4:已经被吞噬的红细胞,并形成吞噬体

图 19-1　巨噬细胞的吞噬活动

作业与思考题

1. 绘制小鼠腹腔巨噬细胞吞噬鸡红细胞的过程图.
2. 记录溶血实验结果,并分析原因,指出哪些溶液中含有非通透性离子.
3. 巨噬细胞的吞噬活动对人体有何意义?
4. 物质跨膜(细胞膜)运输有哪些方式?请比较它们的异同点.

实验二十　碱裂解法制备少量质粒DNA

质粒是染色体外能自我复制的双链共价闭合环状 DNA 分子（covalently closed circular DNA，cccDNA），广泛存在于细菌细胞中,大小在 1～200 kb 不等. 通常根据其复制与宿主基因组复制是否同步,分为严紧型和松弛型.严紧型:质粒的复制受宿主基因组 DNA 复制的严格控制,拷贝少,单个细胞一般只有 1～3 个;松弛型:不受宿主控制,在整个细胞周期中随时可以复制,拷贝数较高,每个细胞中 10～200 个.质粒还分为天然质粒和人工质粒.所谓人工质粒是指天然质粒通过人工改造,用于基因工程载体的质粒,如 pUC119 质粒,3.162 kb,含 Amp^r 基因,松弛型复制.作为人工改造用于基因工程载体的质粒,其一般特性是:完整的 DNA 分子,分子量较小,限制性酶切位点较少或单一,切口不能在复制起始区;松弛控制复制型,拷贝数较多,有选择性标记基因(如各种抗生素抗性基因).一般作为基因工程载体的质粒必备的两个条件是:必须有复制原点在细胞内进行自主复制,具备适合的酶切位点.

【实验目的】

了解质粒 DNA 的特点及用途,并掌握质粒 DNA 的提取原理和提取方法.

【实验原理】

制备少量大肠杆菌(*E. coli*)质粒 DNA 时,通常采用碱性 SDS 裂解细胞释放 DNA,然后在高碱性(pH12～12.5)条件下使 DNA 变性,随后调节溶液 pH 至中性(pH7～8),使变性 DNA 复性.在这一过程中共价闭合环状质粒 DNA 与染色体 DNA 的结构差异实现分离,即染色体 DNA 较大,在碱性条件下被彻底变性,遗留在细胞碎片中;而闭环的质粒 DNA 由于拓扑缠绕而不能彼此分开,当以 pH4 的 NaAc 高盐缓冲液调节其 pH 至中性时,质粒 DNA 迅速恢复其原有的构型,重新形成超螺旋分子,保存在溶液中,但染色体 DNA 则不能复性,形成缠饶的网状结构.通过离心,染色体 DNA、蛋白质-SDS 复合物等一起沉淀下来而被除去.碱裂解法是较常用的 DNA 提取方法,其优点是:收获率高,适于多数菌株,所得产物经纯化后可满足多数 DNA 的重组操作.在此将提取 DNA 所用药品与试剂的性质和作用原理分述如下:

1. 十二烷基磺酸钠(SDS):为一种阴离子表面活性剂,既能使细菌细胞裂解,又能使一些蛋白质变性.用 SDS 处理细菌后,会导致细菌细胞破裂,释放出质粒 DNA 和染色体 DNA.

2. 溶液Ⅰ：为pH8.0的GET缓冲液(50 mmol/L的葡萄糖,10 mmol/L的EDTA,25 mmol/L的Tris-HCl).葡萄糖的作用是使悬浮后的大肠杆菌不会很快沉积到管子的底部,增加溶液的黏度,维持渗透压及防止DNA受机械剪切力作用而降解.EDTA是Ca^{2+}和Mg^{2+}等二价金属离子的螯合剂,在溶液Ⅰ中加入EDTA,是为了把大肠杆菌细胞中的二价金属离子都螯合掉,从而起到抑制DNase对DNA的降解和抑制微生物生长的作用.

3. 溶液Ⅱ：为0.2 mol/L的NaOH与1‰的SDS(现配)混合溶液.新配制溶液Ⅱ是为了避免NaOH接触空气中的CO_2而减弱了碱性.NaOH可使细胞膜发生从bilayer(双层膜)结构向micelle(微囊)结构的相变化;SDS是离子型表面活性剂,主要作用是溶解细胞膜上的脂质与蛋白,从而破坏细胞膜,解聚细胞中的核蛋白,使蛋白质变性而沉淀下来.SDS有抑制核糖核酸酶的作用,所以在接下来的提取过程中必须把它去除干净,以便更好地进行下一步实验.

4. 溶液Ⅲ：为pH4.8的乙酸钾溶液(5 mol/L的KAc 60 mL,冰醋酸 11.5 mL,H_2O 28.5 mL).该溶液钾离子浓度为3 mol/L,醋酸根离子浓度为5 mol/L.pH4.8的乙酸钾溶液可把抽提液的pH调至中性,从而使变性的质粒DNA复性,且稳定存在.溶液Ⅲ加入后的沉淀实际上是K^+置换了SDS中的Na^+形成了不溶性的PDS,而高浓度的盐有利于变性的大分子染色体DNA、RNA以及SDS-蛋白复合物凝聚,使得沉淀更完全.前者是因为中和核酸上的电荷,减少相斥力而互相聚合,后者是因为盐与SDS-蛋白复合物作用后,能形成较小的盐形式复合物.

5. 无水乙醇：乙醇可以以任意比和水相混溶,而DNA溶液是DNA以水合状态稳定存在,同时乙醇与核酸不起化学反应,因此是理想的沉淀剂.加入乙醇后,乙醇会夺去DNA周围的水分子,DNA失水聚合.一般实验中,加2倍体积的无水乙醇与DNA相混合,其乙醇的最终含量占67%左右.也可改用95%的乙醇来替代无水乙醇.但是加95%的乙醇使总体积增大,而DNA在溶液中有一定程度的溶解,因而DNA损失也增大.尤其用多次乙醇沉淀时,就会影响收得率.折中的做法是：初次沉淀DNA时可用95%的乙醇代替无水乙醇,最后的沉淀步骤须使用无水乙醇.也可以用0.6倍体积的异丙醇选择性沉淀DNA.一般在室温下放置15～30 min即可.但因为使用异丙醇时常把盐沉淀下来,所以较多的还是使用乙醇.

6. pH8.0的TE缓冲液：为10 mmol/L的Tris-HCl和1 mmol/L的EDTA混合液,其中含RNA酶 20 μg/mL.其中的EDTA能稳定DNA的活性.

酚与水有一定的互溶.苯酚用水饱和的目的是使其在抽提DNA过程中不致吸收样品中含有DNA的水分,从而减少DNA的损失.

【实验器材与试剂】

1. 材料

大肠杆菌(*E. coli*).

2. 器具

制冰机、低温冷冻离心机、三角瓶(50 mL)、Eppendorf 管(1.5 mL)、微量移液器、枪头(200 μL).

3. 试剂及其配制

(1) LB 培养基的配制(每升用量)：

胰蛋白胨(Bacto-tryptone)	10 g
酵母提取物(Bacto-yeast extract)	5 g
NaCl	10 g
pH	7.5

121 ℃,20 min 高压灭菌

(2) 溶液

① 溶液Ⅰ：

50 mmol/L 的葡萄糖

25 mmol/L 的 Tris-HCl(pH 8.0)

10 mmol/L 的 EDTA(pH 8.0)

② 溶液Ⅱ：

0.2 mol/L 的 NaOH(临用前用 10 mol/L 的贮存液稀释)

1% 的 SDS

③ 溶液Ⅲ

5 mmol/L 的醋酸钾	50 mL
冰醋酸	11.5 mL
水	28.5 mL

所配成的溶液中钾的浓度为 3 mol/L,乙酸根的浓度为 5 mol/L.

(3) 分离液:酚：氯仿：异戊醇＝25：24：1.

(4) TE 缓冲液：

Tris-HCl	10 mmol/L
EDTA-Na$_2$	5 mmol/L

【实验步骤】

1. 无菌操作台上取 1.5 mL 培养菌体置于离心管(Eppendorf 管)中,微量离心机上以 10 000 r/min 的转速离心 1 min,或者以 4 000 r/min 的转速离心 5～10 min,弃上清液,离心管倒扣于干净的吸水纸上吸干.

2. 沉淀中加 100 μL 用冰预冷的溶液Ⅰ,加或不加入少量溶菌酶粉末,充分混合(需要剧烈振荡),室温下放置 5 min.

3. 加入 200 μL 溶液Ⅱ(新鲜配置),加盖后轻轻快速颠倒离心管数次混匀(千万不要振荡),冰浴 5 min.

4. 加入 150 μL 预冷溶液Ⅲ,轻轻颠倒数次混匀(10 s),冰浴 15 min.

5. 微量离心机上以 4 ℃、12 000 r/min 的转速离心 15 min,取上清液于另一新 Eppendorf 管中.

6. 上清液中加入等体积酚与氯仿(1∶1)混匀,微量离心机上以 4 ℃、12 000 r/min,离心 5 min.

7. 小心转上层至一新的离心管弃去中层的蛋白质和下层的有机相.

8. 视蛋白质去除情况,可重复步骤 6 一次.

9. 上清液中加入 2 倍体积的无水乙醇混匀,室温下放置 5～10 min,以 12 000 r/min 离心 5 min.

10. 用 1.0 mL 预冷的 70% 的乙醇洗涤沉淀 1 次,沉淀在室温下晾干.

11. 小心吸去上清液,将离心管倒置于一张纸上,使所有的液体流出.再将附着在管壁上的液滴除去.在除去管壁上的液滴时,可以用一次性吸头与真空管相连,用吸头接触液面.但在液体吸出时应当尽量使吸头远离核酸沉淀.自然干燥或者真空抽干至看不到液滴最好.

12. 加入 50 μLTE 缓冲液(pH 8.0 含 20 μg/mL 的 RNaseA)溶解质粒 DNA,在 －20 ℃下保存.

【注意事项】

1. 实验所用的器皿、试管、移液枪吸头等都要进行高压灭菌.

2. 苯酚是指 Tris 饱和酚,pH 在 7.8 以上.可直接从试剂公司购买饱和酚.若买到的是固体苯酚,则需重新蒸馏.蒸馏后加入等体积的 Tris 缓冲液(0.5 mol/L,pH 8.0),用磁力搅拌器搅拌 2～3 h.待两相界面分开后,弃去上相水相,重新加入 0.1 mol/L 的 Tris 缓冲液(pH 8.0)搅拌 2～3 h.可按以上方法更换 Tris 缓冲液数次,直到苯酚的 pH 达 7.8 以上.加入 0.1% 的羟基喹啉,倒入棕色瓶中,上层加入 5 mm 厚的 0.1 mol/L 的 Tris 缓冲液,在 4 ℃下保存备用.

3. 提取过程应尽量在低温环境中进行,蛋白质的去除以酚/氯仿混合效果最好,可以采取多次抽提尽量将蛋白质除干净;在沉淀 DNA 时通常使用冰乙醇,在低温条件下放置可使 DNA 沉淀完全.

作业与思考题

1. 在 LB 培养基的制备过程中,为何要在培养基中加入氨苄青霉素?氨苄青霉素应在培养基的高温灭菌前加入还是在高温灭菌后加入?

2. 为何离心过程要在低温下进行?

3. 实验中是否要加入 RNA 酶?如果要加,其目的是什么?

实验二十一　植物基因组总DNA的提取

以 DNA 操作为主的基因工程及分子生物学技术应用越来越广泛. 在常规基因分析研究过程中, 经常需要提取高分子量的 DNA, 用于构建基因文库、分析、Southern 杂交检测、DNA 酶切等, 因此提取 DNA 是实现上述研究的基本实验步骤.

【实验目的】

学习从植物材料中提取和测定 DNA 的原理, 掌握 CTAB 提取 DNA 的方法, 进一步了解 DNA 的性质.

【实验原理】

真核生物细胞中的 DNA 基本以 DNA-蛋白复合物(DNP)的形式——染色质存在于细胞核内. 提取 DNA 时, 首先要破碎细胞释放出 DNP, 然后用一定比例的氯仿：异戊醇溶液除去蛋白质, 最后用乙醇把 DNA 从抽提液中沉淀出来, 通过离心得到 DNA. DNP 与核糖核蛋白(RNP)在同一浓度的电解质溶液中溶解度差别很大, 利用这一特性可将二者分离. 以 NaCl 溶液为例, RNP 在 0.14 mol/L 的 NaCl 中溶解度很大, 而 DNP 在其中的溶解度则很低(仅为纯水中的 1%). 当 NaCl 浓度增大时, RNP 的溶解度变化不大, 而 DNP 的溶解度则随之不断增加. 当 NaCl 浓度大于 1 mol/L 时, DNP 的溶解度最大, 为纯水中溶解度的 2 倍, 因此通常可用 1.4 mol/L 的 NaCl 提取 DNA. 制备纯度较高的 DNA 样品时, 提取过程中可用适量的 RNase 处理提取液, 以降解可能掺杂的 RNA; DNase 需要 Mg^{2+} 或 Mn^{2+} 为辅因子, 故需加入一定浓度的螯合剂, 如乙二胺四乙酸(EDTA)、柠檬酸, 以抑制 DNase 活性. 整个提取过程应在较低温度下进行(一般采取冰浴). 根据植物组织裂解所用的试剂不同, 通常分为 CTAB 裂解法和 SDS 裂解法.

1. CTAB 法

十六烷基三甲基溴化铵(hexadecyltrimethylammonium bromide, 下简称 CTAB)是一种阳离子去污剂, 可裂解细胞膜, 并可与核酸形成复合物, 在高盐(0.7 mol/L 的 NaCl)溶液中是可溶的, 当降低溶液盐的浓度到一定程度(0.3 mol/L NaCl)时从溶液中沉淀, 通过离心就可将 CTAB 与核酸的复合物同蛋白、多糖类物质分开, 然后将 CTAB 与核酸的复合物沉淀溶解于高盐溶液中, 再加入乙醇使核酸沉淀, 而 CTAB 可溶解于乙醇.

2. SDS 法

利用高浓度的阴离子去垢剂十二烷基磺酸钠(sodium dodecyl sulfate,下简称 SDS)使 DNA 与蛋白质分离,在高温(55~65 ℃)条件下裂解细胞,蛋白变性,释放出核酸,然后采用提高盐浓度及降低温度的方法使蛋白质及多糖杂质沉淀,离心后除去沉淀,上清液中的 DNA 用酚/氯仿处理,抽出蛋白,反复抽提后用乙醇沉淀水相中的 DNA.

【实验器材与试剂】

1. 材料

新鲜菠菜幼嫩组织、花椰菜花冠或小麦等幼苗.

2. 器具

高速冷冻离心机、751 型分光光度计、恒温水浴锅、液氮或冰浴设备、磨口锥形瓶、核酸电泳设备、冰盘(4 个)、研钵(4 套)、烧杯(4 个)、200 μL 的微量加样器(4 把)、离心机(1 台)、水浴锅(65 ℃)、枪头及 EP 管.

3. 试剂及其配制

(1) CTAB 提取缓冲液:100 mmol/L 的 Tris-HCl(pH8.0),20 mmol/L 的 EDTA-Na_2,1.4 mol/L 的 NaCl,2% 的 CTAB,使用前加入体积分数为 0.1% 的 β-巯基乙醇.CTAB 提取缓冲液配制如下表所示:

试剂名称	摩尔质量	配制 1 000 mL	配制 500 mL
Tris-HCl	121.14 g/mol	12.114 g	6.057 g
EDTA-Na_2	372.24 g/mol	7.444 8 g	3.722 4 g
NaCl	58.44 g/mol	81.816 g	40.908 g

(2) TE 缓冲液:10 mmol/L 的 Tris-HCl,1m mol/L 的 EDTA(pH8.0).

(3) DNase-free RNase A:溶解 RNase A 于 TE 缓冲液中,浓度为 10 mg/mL,煮沸 10~30 min,除去 DNase 活性,−20 ℃下贮存(DNase 为 DNA 酶,RNase 为 RNA 酶).

(4) 氯仿-异戊醇混合液(体积比为 24∶1):240 mL 氯仿(A.R.)加 10 mL 异戊醇(A.R.)混匀.

(5) 3 mol/L 的乙酸钠(NaAc,pH6.8):称取 NaAc·$3H_2O$ 81.62 g,用蒸馏水溶解,配制成 200 mL,用 HAc 调 pH 至 6.5.

(6) 95% 的乙醇 TE 缓冲液、Tris-HCl(pH8.0)液、NaAc 溶液均需要高压灭菌.

【实验步骤】

1. 称取 2~5 g 新鲜菠菜幼嫩组织或小麦苗等植物材料,用自来水、蒸馏水先后冲洗叶面,用滤纸吸干水分备用.叶片称重后剪成 1 cm 长,置研钵中,经液氮冷冻后研磨成粉末.待液氮蒸发完后,加入 15 mL 预热(60~65 ℃)的 CTAB 提取缓冲液,转入一磨口锥形瓶中,置 65 ℃水浴中保温 0.5~1 h,不时地轻轻摇动混匀.

2. 加等体积的氯仿-异戊醇混合液(体积比为 24∶1),盖上瓶塞,温和摇动,使成乳状液.

3. 将锥形瓶中的液体倒入离心管中,在室温下以 4 000 r/min 的转速离心 5 min,静置,离心管中出现上、中、下三层.小心地吸取含有核酸的上层清液于量筒中,弃去中间层的细胞碎片和变性蛋白以及下层的氯仿.

4. 根据需要,上层清液可用氯仿-异戊醇混合液反复提取多次.

5. 收集上层清液,并将其倒入小烧杯.沿烧杯壁慢慢加入 1~2 倍体积预冷的 95%乙醇,边加边用细玻棒沿同一方向搅动,可看到纤维状的沉淀(主要为 DNA)迅速缠绕在玻棒上.小心取下这些纤维状沉淀,加 1~2 mL 70%的乙醇冲洗沉淀,轻摇几分钟,除去乙醇,即为 DNA 粗制品.

6. 上述 DNA 粗制品含有一定量的 RNA 和其他杂质.若要制取较纯的 DNA,可将粗制品溶于 TE 缓冲液中,加入 10 mg/mL 的 RNase 溶液,使其终浓度达 50 μg/mL,混合物于 37 ℃水浴中保温 30 min 除去 RNA.重复步骤 2~5 的操作,可制得较纯的 DNA 制品.

7. 将 DNA 制品溶于 250 μL 的 TE 缓冲液中,完全溶解 DNA 样品.

8. 加入 1/10 倍体积的 3 mol/L NaAc(pH6.8)和 2 倍体积的 95%乙醇,沉淀 DNA,重复步骤 5.最后,将 DNA 溶于 250 μL 的 TE 缓冲液中.

9. 在 751 型分光光度计上测定该溶液在 260 nm 紫外光波长下的吸光度(A_{260})值.代入下式计算 DNA 的含量.

$$\text{DNA 浓度}(\mu g/mL) = \frac{A_{260}}{0.020L} \times \text{稀释倍数}$$

式中,A_{260} 为 260 nm 处的吸光度;L 为比色杯光径(cm);0.020 为 1 μg/mL DNA 钠盐的吸光度.DNA 的紫外吸收高峰为 260 nm,吸收低峰为 230 nm,而蛋白质的紫外吸收高峰为 280 nm.上述 DNA 溶液适当稀释后,在 751 分光光度计上测定其 A_{260}、A_{230} 和 A_{280}.如 $A_{260}/A_{230} \geqslant 2$,$A_{260}/A_{280} \geqslant 1.8$,表示 RNA 已经除净,蛋白含量不超过 0.3%.

【注意事项】

1. 如果植物样品不经液氮处理,提取液中 CTAB 的质量浓度需要提高到 4%.

2. 研磨后应迅速加入提取液,因为提取液中含 EDTA,能够螯合 Mg^{2+} 等二价阳离子,防止破碎细胞中的 DNA 酶降解 DNA.

3. 提取过程中,转移上清液时所用的枪头最好用剪刀将尖头剪去,以避免对 DNA 造成不必要的机械损伤.

4. 干燥 DNA 时,要注意过干或过湿都不利于 DNA 的溶解.

作业与思考题

1. 制备的DNA在什么溶液中较稳定？
2. 为了保证植物DNA的完整性，在吸取样品、抽提过程中应注意什么？

实验二十二 动物组织细胞DNA的提取与检测

真核生物的一切有核细胞(包括培养细胞)都能用来制备基因组 DNA.动物 DNA 与植物一样,以染色体的形式存在于细胞核内,因此,制备 DNA 的原则是既要将 DNA 与蛋白质、脂类和糖类等分离,又要保持 DNA 分子的完整.DNA 的提取一般是先将分散好的组织细胞在含十二烷基磺酸钠(SDS)和蛋白酶 K 的溶液中消化分解蛋白质,再用酚和氯仿/异戊醇抽提分离蛋白质,得到的 DNA 溶液再经乙醇沉淀使 DNA 从溶液中析出.

【实验目的】

了解从动物组织中提取 DNA 的原理,并掌握其方法.

【实验原理】

实验原理与实验二十一相同:脱氧核糖核酸(DNA)和核糖核酸(RNA)大部分与蛋白质结合,以核蛋白——脱氧核糖核蛋白(DNP)和核糖核蛋白(RNP)的形式存在,这两种复合物在不同的电解质溶液中溶解度不同.当 NaCl 浓度为 0.14 mol/L 时,DNP 的溶解度仅为纯水中溶解度的 1%.随着 NaCl 浓度的升高,DNP 的溶解度逐渐增大.当 NaCl 浓度增至 0.5 mol/L 时,DNP 的溶解度约等于纯水中的溶解度;当 NaCl 浓度继续增至 1.0 mol/L 时,DNP 的溶解度约为纯水中的溶解度的 2 倍;而 RNP 不同,在高和低浓度 NaCl 溶液中的溶解度都很大.因此,可以利用不同浓度的 NaCl 溶液将 DNP 和 RNP 分离抽提出来.

本实验动物组织细胞的裂解采用 SDS 裂解法,裂解后的 DNP 在 SDS 作用下分离为 DNA 与蛋白质两部分,再用氯仿-异丙醇将蛋白质沉淀,通过离心将沉淀去除,而 DNA 溶于溶液中,加入适量的乙醇,DNA 即析出,进一步脱水干燥,即得白色纤维状的 DNA 粗制品.为了防止 DNA(或 RNA)酶解,提取时加入乙二胺四乙酸(EDTA).大部分多糖在用乙醇或异丙醇分级沉淀时即可除去.

琼脂糖凝胶电泳是常用于分离和鉴定 DNA、RNA 分子及其混合物的有效方法之一.即以琼脂凝胶作为支持物,利用 DNA 分子的电荷效应和支持物的分子筛效应,达到识别或分离混合物的目的.DNA 分子在高于其等电点的溶液中带负电,在电场中向阳极移动.在一定的电场强度下,DNA 分子的迁移速度取决于分子筛效应,即分子本身的大小和构型是主要的影响因素.DNA 分子的迁移速度与其相对分子量成反比.不同构型 DNA 分子的迁移速度不同.如环形 DNA 分子样品,其中有三种构型的分子:共价闭合环状的超螺旋分子(cccDNA)、开环分子

(ocDNA)、和线形 DNA 分子(lDNA). 这三种不同构型分子进行电泳时的迁移速度大小顺序为:cccDNA＞lDNA＞ocDNA.

当用低浓度的荧光嵌入染料溴化乙啶(ethidium bromide，EB)染色,在紫外光下至少可以检出 1～10 ng 的 DNA 条带,从而可以确定 DNA 片段在凝胶中的位置.

【实验器材与试剂】

1. 材料

小鼠肝脏.

2. 器具

捣碎机、离心机、UV-240 紫外分光光度计、水平板电泳槽、灌胶模具及梳齿、电泳仪、55 ℃水浴、沸水浴、微量移液器.

3. 试剂及其配制

(1) 细胞裂解缓冲液：100 mmol/L 的 Tris (pH8.0),500 mmol/L 的 EDTA (pH 8.0),20 mmol/L 的 NaCl,10% 的 SDS,20 μg/mL 的胰 RNA 酶.

(2) 蛋白酶 K：称取 20 mg 蛋白酶 K 溶于 1 mL 灭菌的双蒸水中,−20 ℃条件下保存备用.

(3) TE 缓冲液(pH 8.0)：高压灭菌,室温下贮存.

(4) 酚、氯仿、异戊醇混合液(体积比为 25∶24∶1).

(5) 异丙醇、冷无水乙醇、70% 的乙醇、灭菌水.

(6) 琼脂糖凝胶电泳：5×TBE 电泳缓冲液,6×电泳载样缓冲液,0.25% 的溴粉蓝,质量浓度为 40% 的蔗糖水溶液,贮存于 4 ℃条件下. 溴化乙锭(EB)溶液母液：将 EB 配制成 10 mg/mL,用铝箔或黑纸包裹容器,储存于室温条件下即可.

【实验步骤】

1. DNA 的提取

(1) 取新鲜或冰冻动物组织块 0.1 g,尽量剪碎. 置于玻璃匀浆器中,加入 1 mL 的细胞裂解缓冲液匀浆至不见组织块,转入 1.5 mL 的离心管中,加入蛋白酶 K (500 μg/mL)20 μL,混匀. 在 65 ℃恒温水浴锅中水浴 30 min,也可转入 37 ℃水浴锅中水浴 12～24 h,间歇振荡离心管数次. 于台式离心机上以 12 000 r/min 离心 5 min,取上清液加入另一离心管中.

(2) 加 2 倍体积异丙醇,倒转混匀后,可以看见丝状物,用 100 μL 吸头挑出,晾干,用 200 μL TE 重新溶解.(可进行 PCR 反应等,需要进一步纯化的按下列步骤进行.)

(3) 加等量的酚、氯仿、异戊醇,振荡混匀,以 12 000 r/min 离心 5 min.

(4) 取上层溶液至另一管,加入等体积的氯仿-异戊醇,振荡混匀,以

12 000 r/min 离心 5 min.

(5) 取上层溶液至另一管,加入 1/2 体积的 7.5 mol/L 乙酸铵,加入 2 倍体积的无水乙铵,混匀后室温下沉淀 2 min,以 12 000 r/min 离心 10 min.

(6) 小心倒掉上清液,将离心管倒置于吸水纸上,将附于管壁的残余液滴除掉.

(7) 用 70% 的乙醇 1 mL 洗涤沉淀物 1 次,以 12 000 r/min 离心 5 min.

(8) 小心倒掉上清液,将离心管倒置于吸水纸上,将附于管壁的残余液滴除掉,室温下干燥.

(9) 加 200 μL TE 重新溶解沉淀物,然后置于 4 ℃或 −20 ℃条件下保存备用.

(10) 吸取适量样品检测浓度和纯度.

2. DNA 的浓度及纯度测定

(1) UV-240 紫外分光光度计开机预热 10 min.

(2) 将标准样品和待测样品适当稀释(DNA 5 μL 用 TE 缓冲液稀释至 1000 μL)后,记录编号和稀释度.

(3) 把装有标准样品或待测样品的比色皿放进样品室的 S 架上,关闭盖板.

(4) 设定紫外光波长,分别测定 230 nm、260 nm、280 nm 波长时的 A 值.

(5) 计算待测样品的浓度与纯度.

纯度 $= A_{260}/A_{280}$

纯 DNA:$A_{260}/A_{280} \approx 1.8$($>1.9$,表明有 RNA 污染;$<1.6$,表明有蛋白质、酚等污染)

纯 RNA:$1.7 < A_{260}/A_{280} < 2.0$($<1.7$ 时表明有蛋白质或酚污染;>2.0 时表明可能有异硫氰酸残存).

3. DNA 含量的测定

(1) DNA 标准曲线的制作:取 6 支洁净、干燥的试管,编号,按下表加入试剂:

试剂(mL) \ 试管编号	1	2	3	4	5	6
标准 DNA 溶液(200 μg/mL)	0	0.4	0.8	1.2	1.6	2.0
蒸馏水	2.0	1.6	1.2	0.8	0.4	—
标准 DNA 浓度(μg/mL)	0	40	80	120	160	200
二苯胺试剂	4.0	4.0	4.0	4.0	4.0	4.0
A_{595}						

混合后,于 100 ℃水浴中保温 15 min.冷却至室温后,用分光光度计测定吸光度值 A_{595}.以 1 号试管调零,测吸光度值.以 DNA 浓度为横坐标,A_{595} 为纵坐标,绘制标准曲线.

(2) 样品测定:取 DNA 粗品用 0.05 mol/L 的 NaOH 溶解,定容至 50 mL.取 2 支洁净、干燥的试管,按下表加入试剂,混匀,于 100 ℃ 水浴中保温 15 min.冷却至室温后,用分光光度计测定吸光度值 A_{595}.以标准曲线的 1 号试管调零,测吸光度值.从标准曲线计算样品中 DNA 的含量.

试剂 \ 管号	1	2	3	4
样品液/mL	2	1.5	1	0.5
蒸馏水/mL	0	0.5	1	1.5
二苯胺试剂	4.0	4.0	4.0	4.0
A_{595}				

(3) 计算结果:按下列公式计算 DNA 含量:
$$DNA\% = (待测液 DNA 微克数)/样品的微克数 \times 100\%$$

4. DNA 分子量的测定

(1) 电泳缓冲液:取 5×TBE 缓冲液 20 mL 加水至 200 mL,配制成 0.5×TBE 稀释缓冲液,待用.

(2) 胶液的制备:称取 0.4 g 琼脂糖,置于 200 mL 锥形瓶中,加入 50 mL 0.5×TBE 稀释缓冲液,放入微波炉里加热至琼脂糖全部熔化,取出摇匀,即为 0.8% 的琼脂糖凝胶液.注意:加热过程中要不时摇动,使附于瓶壁的琼脂糖颗粒进入溶液.

(3) 胶板的制备:将有机玻璃胶槽两端分别用橡皮膏紧密封住.将封好的胶槽置于水平支持物上,插上样品梳子,注意观察梳子齿下缘应与胶槽底面保持 1 mm 左右的间隙.向冷却至 50~60 ℃ 的琼脂糖胶液中加入溴化乙锭(EB)溶液,使其终浓度为 0.5 μg/mL.用移液器吸取少量融化的琼脂糖凝胶封橡皮膏内侧,待琼脂糖溶液凝固后将剩余的琼脂糖小心地倒入胶槽内,使胶液形成均匀的胶层.待胶完全凝固后拔出梳子(注意不要损伤梳底部的凝胶),然后向槽内加入 0.5×TBE 稀释缓冲液至液面恰好没过胶板的上表面.

(4) 加样:取 10 μL DNA 样品与 2 μL 6×上样液混匀,用微量移液枪小心地加入样品槽中.若 DNA 含量偏低,则可依上述比例增加上样量,但总体积不可超过样品槽容量.注意上样时要小心操作,避免损坏凝胶或将样品槽底部凝胶刺穿.

(5) 电泳:加完样后,合上电泳槽盖,立即接通电源.控制电压保持在 60~80 V,电流在 40 mA 以上.当溴酚蓝条带移动到距凝胶前沿约 2 cm 时,电泳 30~60 min 后停止电泳.

(6) 染色:未加 EB 的胶板在电泳完毕移入 0.5 μg/mL 的 EB 溶液中,室温下染色 5~10 min.

(7) 观察和拍照:在波长为 254 nm 的紫外灯下观察染色后的电泳胶板.

【注意事项与问题分析】

1. 在加入细胞裂解缓冲液前,细胞必须均匀分散,以减少 DNA 团块形成.

2. 提取的 DNA 不易溶解,可能是不纯,含杂质较多;加溶解液太少会使浓度过大.

3. 分光光度分析结果为 DNA 的 A_{280}/A_{260} 小于 1.8 时,说明提取的 DNA 不纯,含有蛋白质等杂质. 在这种情况下,应加入 SDS 至终浓度为 0.5%,并重复步骤 2~8.

4. 酚/氯仿/异戊醇抽提后,若其上清液太黏,不易吸取含高浓度的 DNA,可加大抽提前缓冲液的量或减少所取组织的量.

作业与思考题

1. 书写实验报告.
2. 为什么要求选择新鲜的实验材料?

实验二十三 数量性状遗传分析

生物大部分具有经济价值的性状都为数量性状,数量性状一般由多基因控制,基因间作用复杂,且易受环境影响,因此采用质量性状的分析方法无法对数量性状的遗传规律作出准确判断和阐明,必须采取特殊的统计学方法来分析数量性状的遗传规律.

【实验目的】

进一步了解和掌握数量性状的遗传、表现特点及其在育种上的意义;通过对数量性状遗传试验的数据(如家蚕茧丝量、玉米果穗长度、水稻生育期、棉花纤维长度等性状)进行统计分析,练习估算其遗传力和杂种优势的表现.

【实验原理】

在动植物育种中,所重视的许多经济性状都是数量性状.数量性状一般有以下四个特点:(1) 数量性状是可以度量的;(2) 性状呈连续变异;(3) 性状容易受环境影响;(4) 控制数量性状的遗传基础是多基因系统,且各基因间的关系复杂.由于数量性状的表现是由基因型和环境两种因素所决定的,情况比较复杂,所以通常用质量性状分析方法,仅对数量性状的分析是不够的.因此根据数量性状的特点,应用统计学方法进行遗传分析.而在进行统计分析时,往往从一对基因(A,a)的遗传模型及其基因效应着手.

依据加性-显性遗传模型,假设纯合体 AA 和 aa 的加性效应值分别为 d 和 $-d$,中亲值(m)为 $[d+(-d)]/2=0$,由杂合体的显性作用所引起的显性偏差为 h,则其基因的作用效应可分解为:

(1) 等位基因间:纯合体 AA 和 aa 的加性效应值分别为 d 和 $-d$(加性效应);杂合型(Aa):无显性($h=0$,加性效应)、部分显性($-d<h<d$,非加性效应)、完全显性($h=d$ 或 $h=-d$,非加性效应)、超显性($h>d$ 或 $h<-d$,非加性效应).

(2) 非等位基因间:上位性.

由于数量性状的表现是由基因型和环境两方面决定的,假设基因型与环境之间没有相关和相互作用,则群体的表型方差(V_P)应是基因型方差(V_G)和环境方差(V_E)之和:

$$V_P = V_G + V_E$$

而基因型方差是由加性方差(V_A)、显性方差(V_D)和非等位基因间的上位性方差(V_I)所组成的,因此基因型方差可表示为:

$$V_P = V_G + V_F = V_A + V_D + V_I + V_E$$

根据 F_2、$B_1(F_1 \times P_1)$、$B_2(F_1 \times P_2)$ 群体的方差组成分析，F_2 的遗传方差应为：

$$V_{GF_2} = \frac{1}{2}a_1^2 + \frac{1}{4}d_1^2 + \frac{1}{2}a_2^2 + \frac{1}{4}d_2^2 + \cdots + \frac{1}{2}a_x^2 + \frac{1}{2}d_y^2$$

$$= \frac{1}{2}\sum a^2 + \frac{1}{4}\sum d^2$$

设 $V_A = \sum a^2$，$V_D = \sum d^2$，那么

$$V_{GF_2} = \frac{1}{2}V_A + \frac{1}{4}V_D$$

如果同时考虑环境影响所产生的环境方差，则 F_2 表型方差的组成部分为

$$V_{F_2} = \frac{1}{2}V_A + \frac{1}{4}V_D + V_E \tag{1}$$

回交世代 $B_1(F_1 \times P_1)$、$B_2(F_1 \times P_2)$ 的方差组成为：

$$V_{GB_1} = \frac{1}{2}\left[a - \left(\frac{1}{2}a + \frac{1}{2}d\right)\right]^2 + \frac{1}{2}\left[d - \left(\frac{1}{2}a + \frac{1}{2}d\right)\right]^2$$

$$= \frac{1}{4}(a-d)^2 = \frac{1}{4}(a^2 - 2ad + d^2)$$

$$V_{GB_2} = \frac{1}{2}\left[d - \left(\frac{1}{2}d - \frac{1}{2}a\right)\right]^2 + \frac{1}{2}\left[-a - \left(\frac{1}{2}d - \frac{1}{2}a\right)\right]^2$$

$$= \frac{1}{4}(a+d)^2 = \frac{1}{4}(a^2 + 2ad + d^2)$$

由于数量性状受多对基因控制，假定这些基因既不相互连锁，也没有相互作用，则：

$$V_{GB_1} + V_{GB_2} = \frac{1}{2}\sum a^2 + \frac{1}{2}\sum d^2 = \frac{1}{2}V_A + \frac{1}{2}V_D$$

引入环境方差 V_E，则：

$$V_{B_1} + V_{B_2} = \frac{1}{2}V_A + \frac{1}{2}V_D + 2V_E \tag{2}$$

由 $(1) \times 2 - (2)$ 得 F_2 加性方差的估值为：

$$2V_{F_2} - (V_{B_1} + V_{B_2}) = \frac{1}{2}V_A$$

根据上述群体方差的组成分析，可统计分析数量性状遗传试验的数据，并按公式分别估算遗传率、杂种优势率、优势指数、势能比值、平均显性度及控制所测性状的最少基因对数．

【实验器材】

1. 仪器

计算器、米尺、天平等．

2. 材料

(1) 玉米果穗长度：实验资料是将玉米长果穗型的自交系 P_1、短果穗型的自交系及其杂种后代 F_1、F_2（F_1 自交）、回交后代于同年同一环境条件下种植，随机区

组设计,重复 3 次,收获后分别按世代随机取样 30 株,测量记录果穗长度.

(2) 家蚕茧丝量:实验资料是将家蚕高茧丝量品种 P_1、高茧丝量品种 P_2 及其杂种后代 F_1、F_2(F_1 自交)、回交后代于同年同室同一环境条件下饲养,随机区组设计,重复 3 次,结茧后分别按世代随机取雌雄蚕茧各 30 粒,称量其全茧量和茧层量.

(3) 也可用表 23-1 提供的水稻生育期和棉花纤维长度的遗传试验资料.

表 23-1 水稻莲塘早(P_1)×矮脚南特(P_2)的亲本及其不同世代的生育期

亲本及世代	6 月						7 月								n	v
	19—20	21—22	23—24	25—26	27—28	29—30	1—2	3—4	5—6	7—8	9—10	11—12	13—14	15—16		
	−6	−5	−4	−3	−2	−1	0	1	2	3	4	5	6	7		
P_1							7	30	46	46	4	5				
P_2		9	43	34	28	21										
F_1				1		2	6	6								
F_2	2		4	14	26	74	142	128	54	22	4					
B_1						1	6	5	31	22	21	14				
B_2			4	5	20	14	13									

n:各世代不同生育期株数总和;v:各世代生育期方差.

【方法与步骤】

(一) 基本参数计算

1. 计算各世代的平均数($\overline{X}$)、方差(V) 及标准差(S)

将实验实际测得的玉米果穗长度或家蚕茧丝量的遗传数据资料进行分组,并整理成为次数表,或将实验所附的已经分组整理的水稻生育期、棉花纤维长度次数表,按下列公式分别计算各世代的基本参数.

$$\text{平均数}: \overline{X} = \frac{x_1 + x_2 + \cdots + x_n}{N} = \frac{\sum x}{N}$$

或

$$= \frac{fx_1 + fx_2 + \cdots + fx_n}{N} = \frac{\sum fx}{N}$$

$$\text{方差}: V = \frac{\sum (x - \overline{X})^2}{N-1} = \frac{\sum x^2 - \frac{(\sum x)^2}{N}}{N-1}$$

或

$$= \frac{\sum fx^2 - \frac{(\sum fx)^2}{N}}{N-1}$$

$$\text{标准差}: S = \sqrt{V}$$

上式中的 x 指个体值或分组的各组值,f 是分组的各组次数,N 是指观察的个体数.

2. 计算环境方差(V_E)

F_2的环境方差一般可根据不同情况采用下列三种方法来估算：

(1) 可以从两个亲本的表型方差和F_1的表型方差合计来估算(此方法提供的信息量较大,对V_E的估算较好)：

$$V_E = \frac{1}{3}(V_{P_1} + V_{P_2} + V_{F_1})$$

(2) 由于来自杂交的两个亲本都是纯合体,每个亲本的遗传型都是一致的,即遗传变异等于0,因此可以从两个亲本的表型方差来估算：

$$V_E = \frac{1}{2}(V_{P_1} + V_{P_2})$$

(3) 还可以利用基因型一致的F_1群体进行估算环境方差.因为杂交亲本都是纯合体,杂种F_1的遗传型是一致的,所以可以认为F_1的表型变异也是完全来自环境变异,那么就可以直接从F_1的表型方差来估算：

$$V_E = V_{F_1}$$

(二) 遗传率的估算

遗传率是指一个群体内某数量性状由于遗传因素引起的变异在表型变异中所占的比值.根据遗传率估值中所包含的成分不同,遗传率可分为广义遗传率和狭义遗传率两种.广义遗传率也称"广义遗传力"(broad-sense heritability, h^2B),是指基因型方差(V_G)占表型方差(V_P)的比值;狭义遗传率也称"狭义遗传力"(narrow-heritability, h^2N),指加性方差(V_D)占表型方差(V_P)的比值.它们的估算方法如下：

(1) 广义遗传率(h^2B)的计算：

$$h^2B = \frac{V_G}{V_P} \times 100\% = \frac{V_{F_2} - V_E}{V_{F_2}} \times 100\%$$

$$= \frac{V_{F_2} - \frac{1}{3}(V_{P_1} + V_{P_2} + V_{F_1})}{V_{F_2}} \times 100\%$$

如果供试材料为异花授粉植物,可用下式估算：

$$h^2B = \frac{V_{F_2} - V_{F_1}}{V_{F_2}} \times 100\%$$

如果供试材料为无性生殖作物,由于个体的异质杂合性,通常以营养系方差(V_{S0})作为环境方差,以自交一代的方差(V_{S1})作为总方差估计,这样其基因型方差的计算为$V_G = V_{S1} - V_{S0}$,其遗传率可用下式估计：

$$h^2B = \frac{V_{S1} - V_{S0}}{V_{S1}} \times 100\%$$

(2) 狭义遗传率(h^2N)的估算：

$$h^2N = \frac{V_D}{V_P} \times 100\%$$

(三) 最少基因对数的估算

假定某数量性状受 K 对基因控制，双亲均为极端类型（一个亲本中全为正向基因，另一个亲本中全为负向基因），各个基因效应大小相同，无显隐性关系和上位作用，所有基因都无连锁关系，则：

$$\overline{P}_1 - \overline{P}_2 = Kd - (-Kd) = 2Kd$$

$$D = \sum d^2 = Kd^2$$

故

$$K = \frac{D}{d^2} = \frac{4K^2d^2}{4Kd^2} = \frac{(2Kd)^2}{4\sum d^2} = \frac{(\overline{P}_1 - \overline{P}_2)^2}{4D} = \frac{\left[\frac{1}{2}(\overline{P}_1 - \overline{P}_2)\right]^2}{D}$$

因此，控制某一数量性状的最少基因对数可用下式估算：

$$K = \frac{\left[\frac{1}{2}(\overline{P}_1 - \overline{P}_2)\right]^2}{D}$$

式中，$D = 4V_{F_2} - 2(V_{B_1} + V_{B_2})$

作业与思考题

1. 分组称量调查家蚕各世代全茧量、蛹体质量、茧层量和茧层率，并根据调查所得的家蚕茧质性状数据，分别估算该性状的广义遗传率、狭义遗传率和控制该性状的最少基因对数。

2. 对各性状所估算的遗传参数作出解析，分析说明家蚕茧质性状自交系、F_1、F_2、回交世代间表现出差异的原因。

实验二十四 苯硫脲(PTC)尝味试验及其基因频率的计算

Hardy-Weinberg 定律是群体遗传学中的基本定律,又称为遗传平衡定律,是指在一个大的随机交配的群体中,在无突变、无任何形式的选择、无迁入迁出、无遗传漂变的情况下,群体中的基因世代相传,基因频率不发生变化,并且由基因频率决定的基因型频率也是不变的. 苯硫脲,又称苯基硫代碳酰二胺(phenylthiocarbamide, PTC)是一种人工合成的化合物,不同人对其溶液的苦味有不同的尝味能力. 这种尝味能力是由一对等位基因(T、t)所决定的遗传性状,其中 T 对 t 为不完全显性. 正常尝味者的基因型为 TT,能尝出 1/750 000 mol/L ~ 1/6 000 000 mol/L 的 PTC 溶液的苦味;具有 Tt 基因型的人尝味能力较低,只能尝出 1/48 000 mol/L ~ 1/380 000 mol/L 的 PTC 溶液的苦味;而基因型为 tt 的人只能尝出 1/24 000 mol/L 以上浓度 PTC 溶液的苦味. 个别人甚至对 PTC 的结晶也尝不出苦味来,这类个体在遗传上称为 PTC 味盲. 故可采用随机检测人群中 PTC 品尝能力来分析 PTC 品尝能力基因的频率与基因型频率.

【实验目的】

通过人群中不同个体对 PTC 的味觉差异,调查表型比例,估算味盲基因频率,了解群体基因频率测算的一般方法;加深理解遗传平衡定律,了解改变群体平衡的因素.

【实验原理】

遗传平衡定律的基础是二倍体生物亲本产生单倍体雌雄配子;雌雄配子随机结合形成新基因型的合子;合子发育形成新基因型个体,再产生下个世代的配子. 以 p 和 q 分别代表一对等位基因 A 与 a 的频率,雌雄配子携带不同基因,或 A 或 a,则有基因型频率 $p^2+2pq+q^2=1$,这就是由 G. H. Hardy 和 W. Weinberg 分别提出的生物群体中等位基因频率遗传平衡公式. 设基因 A 的频率为 p,基因 a 的频率为 q. 假设群体有 100 个个体,40% 位点为 A,$p=0.40$,其余为 a,$q=0.60$,则有基因型 AA, Aa, aa,如果 Hardy and Weinberg 提出的五个条件满足,三种基因型频率平衡公式有 $p^2+2pq+q^2=1$,并保持不变. 人体对(PTC)尝味的能力是由一对等位基因(T、t)所决定的遗传性状. T 对 t 为不完全显性. 根据对不同浓度苯硫脲溶液的味觉差异可测试出三种基因型的人数,从而进行基因及基因型频率的计算.

【实验对象与试剂】

1. 实验对象

学生群体.

2. 试剂及其配制

配制 PTC 溶液及其不同浓度稀释液(表 24-1). 称取 PTC 结晶 1.3 g,加蒸馏水 1 000 mL,置室温下 1~2 d 即可完全溶解. 其间应不断摇晃,以加快溶解过程. 由此配制的溶液浓度为 1/750 mol/L,称为原液,也就是 1 号液. 2~14 号溶液均由上一号溶液按倍比稀释而成,具体配制方法见表 24-1.

表 24-1　不同浓度 PTC 溶液的配制方法

编号	配制方法	浓度/(mol/L)	基因型
1 号	1.3 gPTC+蒸馏水 1 000 mL	1/750	tt
2 号	1 号液 100 mL+蒸馏水 100 mL	1/1 500	tt
3 号	2 号液 100 mL+蒸馏水 100 mL	1/3 000	tt
4 号	3 号液 100 mL+蒸馏水 100 mL	1/6 000	tt
5 号	4 号液 100 mL+蒸馏水 100 mL	1/12 000	tt
6 号	5 号液 100 mL+蒸馏水 100 mL	1/24 000	tt
7 号	6 号液 100 mL+蒸馏水 100 mL	1/48 000	Tt
8 号	7 号液 100 mL+蒸馏水 100 mL	1/96 000	Tt
9 号	8 号液 100 mL+蒸馏水 100 mL	1/192 000	Tt
10 号	9 号液 100 mL+蒸馏水 100 mL	1/380 000	Tt
11 号	10 号液 100 mL+蒸馏水 100 mL	1/750 000	TT
12 号	11 号液 100 mL+蒸馏水 100 mL	1/1 500 000	TT
13 号	12 号液 100 mL+蒸馏水 100 mL	1/3 000 000	TT
14 号	13 号液 100 mL+蒸馏水 100 mL	1/6 000 000	TT
15 号	蒸馏水		

【实验步骤】

1. 让受试者坐在椅子上,仰头张口,从低浓度的 14 号溶液依次尝味. 用滴管滴 3~5 滴 14 号液于受试者舌根部,受试者徐徐咽下品味,然后用蒸馏水做同样的试验.

2. 询问受试者能否鉴别此两种溶液的味道. 若不能鉴别或鉴别不准,则依次用 13 号、12 号……溶液重复试验,直至能明确鉴别出 PTC 的苦味为止.

3. 当受试者鉴别出某一号溶液时,应当用此号溶液重复尝味 3 次. 3 次结果相同时,才是可靠的.

4. 计算尝出 PTC 味的频率及基因频率,填入下表:

人 群	表 现 型		基 因 频 率	
	% Tasters (p^2+2pq)	% Nontasters (q^2)	p	q

【注意事项】

1. 测试时,必须从低浓度到高浓度依次进行.
2. 测试时,PTC 溶液量要少,且要滴在味觉最敏感的舌根部.

作业与思考题

1. 根据一个实验班的测定结果,求出该班群体中基因 T 和 t 的频率.

2. 应用 χ^2 检验确定该实验班这个群体是否为平衡群体.如果不是平衡群体,可能的原因有哪些?

3. 通过实验,学习基因与基因型频率的计算方法.根据 Hardy-Weinberg 平衡定律,讨论自然选择对等位基因频率的影响,讨论进化与等位基因频率变化的关系.

实验二十五　植物有性杂交

众所周知,孟德尔的分离规律和自由组合遗传规律是通过不同相对性状的豌豆间杂交,统计分析后代表型比例建立的.有性杂交是通过杂种亲本遗传物质重新组合、人工创造后代变异最常用的有效方法,也是现代植物育种上卓有成效的育种方法之一.通过将雌雄配子结合的有性杂交方式,重新组合基因,借以产生各种性状的新组合,从中选择出最需要的基因型,培育出对人类有利的新品种.随着遗传学研究进入 DNA 分子水平,植物转基因后代遗传分析以及分子标记作图,都需要有性杂交来实现.

【实验目的】

理解植物有性杂交的原理、目的,了解植物花器构造、开花习性、授粉、受精等基础知识,掌握一些植物(作物或花卉)杂交实际操作技术,为遗传育种研究奠定基础.

【实验原理】

两个具有不同基因型的品种,通过雌雄细胞的结合,产生新的具有两种基因型遗传物组合的后代,称为杂交.在有性杂交中,把接受花粉的植株叫做母本,用符号"♀"表示;供给花粉的植株称父本,用"♂"表示.父母本统称亲本,用"P"表示,杂交符号用"×"表示,自交符号用"⊗"表示,杂种一代用 F_1 表示,杂种二代用 F_2 表示,依此类推.根据有性杂交亲本亲缘关系的远近,有性杂交可分为近缘杂交与远缘杂交.前者通常指种内不同品种间杂交,后者一般指不同种间、属间乃至科间,甚至同种的栽培与野生种间的杂交.由于品种间亲缘关系近,具有相同遗传物质基础(染色体数目与形态),杂交容易获得成功,因此通过正确选择亲本配置杂交组合,根据目标对后代进行选择,可在相对较短的年限内选育出具有双亲优良性状的新品种.相反,远缘杂交由于亲本遗传物质差异大,杂交成功通常困难,但因亲缘关系远,一旦获得成功,可扩大栽培作物的基因库,把其他物种的有利基因组合到目的品种,产生有利的特性,从而丰富了基因来源.

人工有性杂交的主要步骤是去除作为母本植物的花药或者蕾,通常称为去雄.去雄的方法很多,如夹除雄蕊法、剥去花冠法、温汤杀雄法、热气杀雄法、化学药剂杀雄法等.各种作物因花的结构不同,去雄方法也略有差异,但大多采用手工操作夹除雄蕊法进行去雄.夹除雄蕊法是用镊子将母本花中的雄蕊一一夹除.禾本科作物杂交中经常使用的分颖去雄法、剪颖去雄法和套袋去雄法等方法,都属于夹除雄蕊法.应掌握的要点是：① 去雄时间：去雄的最适时间是在开花的前 1~2 d.过早，花蕾过嫩，容易损伤花的结构；过晚，花药容易裂开，导致自花授粉.② 授粉时间：在去雄后的 1~2 d,柱头上分泌出黏液，此时最适宜接受花粉.一般的授粉时间以该作物开花最盛时刻的效果最好，因为此时能够获得大量的花粉.但此时往往也有其他品种处于盛花期，空气中各种花粉混杂，所以授粉时应防止污染.③ 授粉方法：可以将父本成熟的花粉收集在容器中，然后用毛笔蘸取涂抹在母本柱头上.有时也可将父本的整个花药点塞到母本的花朵中去进行授粉.

【实验器材与药品】

1. 器材

小镊子、剪刀、棉花、纸牌、透明纸袋、回形针、大头针等，小麦（*Triticum aestivum*）、水稻（*Oryza sativa*）、豌豆、油菜等.

2. 药品

乙醇等.

【实验步骤】

以小麦和水稻为例，对手工操作去雄方法做以下介绍.

1. 小麦

(1) 选穗与整穗：选择生长良好的植株主穗，剪去上部和基部小穗，只留中部 10 个小穗(两边各 5 个).每个小穗只留基部两个花，中间的花用镊子夹除.若有芒，一起剪掉，以便于操作.

(2) 去雄：用左手捏住麦穗，并轻轻压开花朵的颖顶部，右手将镊子插入内外颖的合缝里，夹住雄蕊，轻轻拿出，注意不要夹破也不要碰伤柱头.去雄要从下而上，每次去雄后的镊子在乙醇棉花内洗一下，以免把花粉带到他处.

(3) 套袋隔离：母本穗子去雄完毕，必须立即用纸袋套上，以防其他花粉进入.套袋后把袋口折叠住，用回形针或大头针别住，以免被风吹落，挂上纸牌(纸牌上用铅笔注明母本"♀"名称及去雄日期).

(4) 花粉采集：根据作为父本植株的生长状况，选取穗中部有一两朵小花已开的穗，那些靠近的花也将开放，用镊子把这些花药取出，也可以剪去一些颖壳，促使开花，收集花粉，以便进行授粉.

(5) 授粉：去雄花朵的柱头呈羽状分叉时，表示柱头已经成熟，应该进行授粉，一般在去雄后的第二天上午 8 时以后(露水已干)、下午 4 时以前进行授粉较为适当.若遇到阴雨天，气温低，可在去雄后 3~4 d 内授粉，授粉完毕再套上纸袋.在去雄纸牌的背面写上授粉品种和授粉日期.

(6) 过一段时间，检查其结实情况.

2. 水稻(图 25-1)

(1) 去雄:水稻的去雄可采用以下两种方法:① 剪颖去雄法:选择第二天能开花的穗子,把穗上部的叶鞘剪去一部分,露出穗子,并将颖壳剪去 1/4~1/3,用镊子除去雄蕊,然后套上纸袋,挂上纸牌,手续与小麦去雄相同,但这种方法易伤花器,结实率低,一般只有 5% 左右. ② 套袋机械去雄法:在开花前 1 h,用黑色或褐色的纸袋套在将要开花的穗子上,可促使提早开花,大约提早 15 min. 提早开花而花药未裂开,很快用镊子自上而下把花药除去. 这种方法去雄方便,且不伤花器,但套袋的时间不容易掌握.

(2) 授粉:在每天开花盛期,采集发育完全且刚破裂的花药作授粉用,用镊子夹取花药 2 个,轻轻塞进已去雄的小穗内,套上纸袋,做好标记.

(3) 检查结实情况.

3. 豌豆(图 25-1)

(1) 去雄:右手将镊子插入花瓣,夹住雄蕊,轻轻拿出. 注意不要夹破也不要碰伤柱头.

(2) 套袋隔离:母本穗子去雄完毕,立即用纸袋套上,以防其他花粉进入. 套袋后把袋口折叠住,用回形针或大头针别住(以免被风吹落),挂上纸牌(纸牌上用铅笔注明母本"♀"名称及去雄日期).

(3) 采集花粉的方法:从不同品种的花上采集花粉,或用镊子把这些花药取出,进行授粉.

(4) 授粉:去雄花朵的柱头呈羽状分叉时,表示柱头已经成熟,或柱头有黏液分泌时应该进行授粉,再套上纸袋.

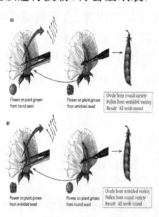 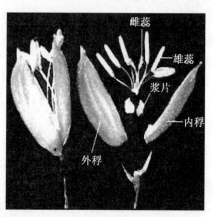

图 25-1 豆科(左:豌豆)和禾本科(右:水稻)典型花器示意图

【注意事项】

夹除雄蕊成败的关键是谨慎细心,并要注意消毒. 去雄时,要做到一朵花中的雄蕊夹除干净,不夹破花药,用 70% 的乙醇消毒,以免带入其他花粉. 不同作物的授粉时间不同,如豆科植物,去雄后可立即授粉.每次去雄时使用的毛笔或镊子要用乙醇棉花洗一下,以免把花粉带到别处.

作业与思考题

1. 去雄的方法有哪些？这些方法的应用潜力如何？
2. 杂交技术在杂交育种中的重要性是什么？

实验二十六　细胞的有丝分裂

细胞增殖是生物体的重要生命特征。多细胞生物通过细胞分裂由一个受精卵发育成为一个新个体，成体中仍然需要不断进行细胞分裂产生新的细胞以补充体内衰老和死亡的细胞。因此，细胞增殖是生物体生长、发育和遗传的基础。而有丝分裂是多细胞生物细胞增殖的主要方式，减数分裂则是有性生殖个体生殖细胞发生过程中的特殊的有丝分裂方式。细胞有丝分裂过程受到精确的调控，对细胞周期调控的研究是细胞生物学研究的一个热点。

【实验目的】

掌握体细胞的有丝分裂过程及各期形态特征，熟悉生殖细胞的减数分裂过程和特征。

【实验原理】

有丝分裂（mitosis）是真核细胞增殖的主要方式，其特征是形成由纺锤体、中心体和染色体等结构组成的临时细胞器——有丝分裂器，使得染色体能被平均分配到两个子细胞。根据形态学特征，有丝分裂过程被分为间期、前期、中期、后期和末期五个时期。

减数分裂（meiosis）是配子发生过程中的一种特殊有丝分裂，即染色体复制一次，而细胞连续分裂两次，最终染色体数目减半。减数分裂过程与有丝分裂基本相同，主要特点是第一次减数分裂前期（前期Ⅰ）历时长，染色体变化复杂。根据染色体形态特征可将前期Ⅰ分为五个亚期：细线期、偶线期、粗线期、双线期和终变期。

蝗虫精巢取材方便，标本制备方法简单，染色体数目较少。蝗虫初级精母细胞染色体数 $2n=22+X$，经过减数分裂形成四个精细胞，每个精细胞的染色体数为 $n=11+X$ 或 $n=11$（蝗虫的性别决定模式为：雌性 XX、雄性 XO），一般多采用它来研究观察减数分裂期间的染色体形态变化。

【实验器材与试剂】

大蒜或洋葱根尖、马蛔虫子宫切片、蝗虫精巢切片、无水乙醇、浓盐酸、品红染液、45%的醋酸、0.5%的秋水仙素、显微镜、眼科镊子、载玻片、盖玻片、吸水纸、培养皿等。

【实验步骤】

1. 大蒜根尖有丝分裂压片的制备和观察

（1）新鲜培养的大蒜根尖用 0.5% 的秋水仙素处理 2～4 h.

（2）洗去秋水仙素后，切下根尖置于小瓶中，加 1∶1 无水乙醇和浓盐酸，固定和离析约 10 min.

（3）吸去固定液后，用水泡洗 2 次，每次 5 min.

（4）将材料置于载玻片上，滴加品红染色 30 min，然后以 45% 的醋酸分色处理.

（5）盖上盖玻片后，隔着吸水纸压片，使分生区细胞成单层.

（6）镜检. 找到根尖较前端细胞分裂旺盛的分生区部位（根冠后方），可见分生区细胞呈方形，排列紧密，染色较深，注意辨别各时相细胞的特征（图 26-1）.

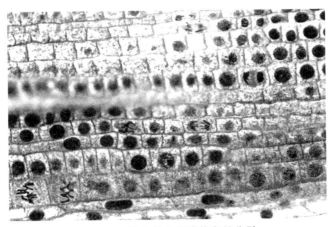

图 26-1　洋葱根尖细胞的有丝分裂

2. 马蛔虫受精卵有丝分裂切片的观察

取马蛔虫子宫切片，低倍镜下可见子宫腔内有许多处于细胞周期不同时相的受精卵细胞. 细胞染色体仅有 6 条，因此便于观察分析. 选择不同时相的受精卵细胞在高倍镜下仔细观察，注意与植物细胞有丝分裂进行比较.

3. 蝗虫精巢切片的观察

蝗虫精巢是由多条棒状的精巢小管组成的，每条精巢小管一端游离，另一端附着于输精管. 从游离端到附着端依次分布了不同发育阶段的生精细胞，即精原细胞、初级精母细胞、次级精母细胞、精细胞和精子. 低倍镜下选择一纵切的棒状精巢小管，仔细辨别各类型生精细胞及减数分裂的各时相特征，尤其是前期 I 的几个亚期的辨别（图 26-2）.

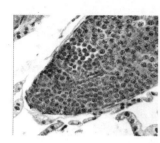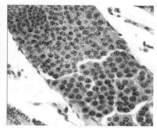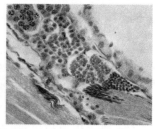

图 26-2 蝗虫精巢纵切(示减数分裂)

作　业

1. 绘制大蒜根尖有丝分裂各时相的细胞图像。
2. 小结有丝分裂与减数分裂过程的异同点。
3. 根尖有丝分裂压片制备过程中加秋水仙素处理的目的是什么？
4. 观察精巢切片时应选择什么样的区域？观察纵切与横切的精巢小管有何区别？

实验二十七　细胞中多糖和过氧化物酶的定位

生物体内糖类大多以多糖形式存在.多糖也是能量储存的一种形式.过氧化物酶是以过氧化氢为电子受体催化底物氧化的酶,主要存在于细胞的过氧化物酶体中,以铁卟啉为辅基,可催化过氧化氢氧化酚类和胺类化合物,具有消除过氧化氢和酚类、胺类毒性的双重作用.多糖和过氧化物酶作为一种生物活性物质,在诸多方面有着重要作用,如免疫调节、抗肿瘤、抗病毒、抗氧化等作用,了解它们在细胞中的定位对于我们了解生物的生理状况和探索生命的奥秘具有重要作用.

【实验目的】

掌握显示细胞中多糖和过氧化物酶反应的原理和方法.

【实验原理】

高碘酸-雪夫(Schiff)试剂反应,简称 PAS 反应.它主要是利用高碘酸作为强氧化剂,打开 C—C 键,使多糖分子中的乙二醇变成乙二醛,氧化所得到的醛基与 Schiff 试剂反应形成紫红色化合物.颜色的深浅与糖类的多少有关.

细胞内的过氧化物酶能把联苯胺氧化为蓝色或棕色络合物,根据蓝色或棕色的出现来表示过氧化物酶的存在.

【实验器材与试剂】

1. 器材

显微镜、镊子、染色钵、刀片、载玻片、盖玻片、吸水纸等,马铃薯块茎、洋葱根尖或洋葱鳞茎.

2. 试剂及其配制

(1) 高碘酸溶液:高碘酸($HIO_4 \cdot 2H_2O$)0.4 g,95%的乙醇 35 mL,0.2 mol/L 的醋酸钠溶液(2.72 g 醋酸钠溶于 100 mL H_2O)5 mL,蒸馏水 10 mL.

(2) Schiff 试剂:配法见 Feulgen 反应.

(3) 亚硫酸水溶液:配法见 Feulgen 反应.

(4) 70%的乙醇.

(5) 联苯胺溶液:在 0.85%的盐水内加入联苯胺至饱和为止,临用前加入 20%体积的 H_2O_2,每 2 mL 加一滴.

(6) 0.1%的钼酸铵溶液:称取 0.1 g 钼酸铵溶于 100 mL 0.85%的盐水中.

【方法与步骤】

1. 细胞中多糖的测定:PAS 反应

(1) 把马铃薯块茎用刀片徒手切成薄片.

(2) 浸于高碘酸溶液 5～15 min.

(3) 移入 70％的乙醇中浸片刻.

(4) Schiff 试剂染色 15 min.

(5) 亚硫酸溶液洗 3 次,每次 1 min.

(6) 蒸馏水洗片刻.

(7) 装片镜检.

2. 细胞中过氧化物酶的测定:联苯胺反应

(1) 把洋葱根尖徒手切成 20～40 μm 厚的薄片或用镊子撕取洋葱鳞茎内表皮一小块.

(2) 浸在溶有 0.1％钼酸铵的 0.85％的盐水溶液中 5 min(钼酸铵的作用是催化剂).

(3) 浸在联苯胺溶液内 2 min 至切片出现蓝色.

(4) 在 0.85％的盐水溶液中洗 1 min.

(5) 将薄片置于载玻片上展开,盖上盖玻片,置显微镜下观察.

作　业

1. 简述 PAS 反应及联苯胺反应的原理.
2. 绘图示细胞中多糖及过氧化物酶的分布.

实验二十八　细胞内酸性磷酸酶的显示

　　酸性磷酸酶是溶酶体的特征性酶,主要存在于巨噬细胞中.在正常情况下,巨噬细胞呈休止状态,酶活性很低,但在一定的pH条件下,酶活性可被激活.本实验预先用6%的淀粉肉汤腹腔注射以激活小鼠腹腔巨噬细胞,使酸性磷酸酶分解磷酸酯而释放磷酸基.在pH5.0时,磷酸基能与铅盐形成磷酸铅,然后经与硫化铵作用而形成棕黑色的硫化铅沉淀.在显微镜下可见小鼠腹腔巨噬细胞为不规则形状,阳性细胞内有大小不等的棕色或棕黑色的颗粒,即为酸性磷酸酶.

【实验目的】

　　掌握细胞中酸性磷酸酶的显示方法,观察酸性磷酸酶在细胞中的存在部位.

【实验原理】

　　细胞中存在着能分解磷酸酯的酶,它们可分为一磷酸酯酶、二磷酸酯酶和三磷酸酯酶等三类,其中最主要的是一磷酸酯酶.这类酶按最适pH值又可分为两类,一类在pH9.5左右的条件下发挥作用,称为碱性磷酸酶;另一类在pH5.0左右的条件下发挥作用,称为酸性磷酸酶.当酸性磷酸酶与含有磷酸酶的作用底物(如甘油磷酸钠)一起保温时,能水解磷酸酯,使其释放出磷酸基,磷酸基进而与底物中存在的铅盐结合形成无色的磷酸铅($PbHPO_4$)沉淀物.当用黄色的硫化铵作用该沉淀时,可形成黄棕色或棕黑色的硫化铅沉淀,从而使细胞中的酸性磷酸酶显示出来.

【实验器材与试剂】

　　1. 器材

　　显微镜、恒温水浴锅、注射器、盖玻片、载玻片、剪刀、镊子、酒精灯等,小白鼠.

　　2. 试剂及其配制

　　(1) 6%的淀粉肉汤:称取牛肉膏0.3 g、蛋白胨1 g、氯化钠0.5 g加入到100 mL蒸馏水中溶解,再加入可溶性淀粉6 g,温浴溶解,煮沸15 min灭菌,置4 ℃冰箱中保存,使用时水浴融化.

　　(2) 0.85%的生理盐水:称取8.5 gNaCl,溶于1 000 mL蒸馏水中.

　　(3) 酸性磷酸酶工作液:

　　① 0.05 mol/L的醋酸缓冲液:先用2 mL的注射器抽取1.2 mL冰乙酸加入98.8 mL蒸馏水中均匀混合制成0.2 mol/L的醋酸液(A液),再称取醋酸钠(NaAc·

$3H_2O$)2.72 g 溶于 100 mL 蒸馏水中配成 0.2 mol/L 的醋酸钠溶液(B 液). 取 A 液 30 mL,加 B 液 70 mL,混匀即成 0.05 mol/L 的醋酸缓冲液,置 4 ℃下保存.

② 3%的 β-甘油磷酸钠溶液:称取 β-甘油磷酸钠 3 g 溶于 100 mL 蒸馏水中,4 ℃下保存.

③ 工作液:临用时,称取硝酸铅 25 mg,溶于 0.05 mol/L 的醋酸缓冲溶液 22.5 mL 中,待全部溶解后,再缓慢地滴加 3%的 β-甘油磷酸钠溶液 2.5 mL,同时快速搅动,以防产生絮状物.

(4) 甲醛·钙固定液:先称取无水 $CaCl_2$ 10 g,溶于 100 mL 蒸馏水中配成 10%的氯化钙溶液,取该液 10 mL 加入到 80 mL 蒸馏水混匀,即成甲醛·钙固定液.

(5) 2%的硫化铵:量取 2 mL 硫化铵,加入 98 mL 蒸馏水中,现配现用.

(6) 甘油明胶封固剂:称取明胶 7 g,加入 42 mL 蒸馏水中,水浴加温溶解,再加入 50 mL 甘油并搅匀,另加少许麝香草酚作防腐剂,置 4 ℃下贮存. 使用时水浴加温融化.

【方法与步骤】

1. 取体质量为 20 g 左右的小白鼠一只,每日往其腹腔注射 6%的淀粉肉汤 1 mL,连续 3 d.

2. 在第三次注射后 3～4 h,再向腹腔注射生理盐水 1 mL.

3. 3～5 min 后取腹腔液 0.1～0.3 mL(注意抽取部位尽量与注射部位相一致,否则难以抽出),或用颈椎脱臼法处死小白鼠后,打开腹腔,用注射器(不装针头)直接吸取腹腔液.

4. 往预冷的盖玻片上滴一滴腹腔液,立即用牙签涂后放入小培养皿置 4 ℃冰箱中 30 min,使细胞自行铺展开.

5. 用冷风吹干玻片. 如室温低于 20 ℃,可任其自然干燥.

6. 往盖玻片上滴加酸性磷酸酶工作液两滴(或将玻片插入盛有酸性磷酸工作液的小染色缸中),37 ℃下温育 30 min.

7. 取出盖玻片,在室温下用蒸馏水冲洗,然后立于吸水纸上以吸去多余水分.

8. 放入盛有 10%甲醛·钙固定液的小染色缸内处理 5 min,进行后固定.

9. 取出玻片,在蒸馏水中漂洗,再吸去多余水分.

10. 放入 2%的硫化铵溶液中处理 3～5 min.

11. 蒸馏水漂洗.

12. 取一载玻片,滴一滴明胶甘油封固剂,然后将带水的盖玻片有细胞的一面朝下,慢慢盖向载玻片上的明胶甘油,使盖玻片封固在载玻片上(注意避免气泡的产生).

13. 观察:将制备好的标本置于显微镜下,在高倍镜下可见许多呈阳性反应的巨噬细胞,其细胞质中出现许多大小不等的棕色或棕黑色颗粒和斑块,这便是酸性磷酸酶存在的部位(溶酶体).有些细胞内酸性磷酸酶极为丰富,故整个细胞质都呈现出黑色沉淀.

作业与思考题

1. 简述酸性磷酸酶的显示原理.
2. 绘制 3~4 个巨噬细胞图,分别表示酸性磷酸酶的存在部位.

实验二十九　果蝇基因的连锁与交换分析

摩尔根将果蝇白眼基因定位在 X 染色体并创立染色体遗传理论之后,又发现了另一突变基因(小翅)也是伴性遗传的,与白眼基因一样位于 X 染色体上.但是当减数分裂染色体配对时,这两个基因有时却并不像是连锁在一起的,出现了一些白眼正常翅和红眼小翅的类型.这又如何解释呢?摩尔根提出,染色体上的基因连锁群并不像铁链一样牢靠,有时染色体也会发生断裂,甚至与另一条染色体互换部分基因.两个基因在染色体上的位置距离越远,它们之间出现变故的可能性就越大,染色体交换基因的频率也就越大.白眼基因与小翅基因虽然同在一条染色体上,但是相距较远,因此当染色体彼此互换部分基因时,果蝇产生的后代中就会出现新的类型.这就是"互换"定律."连锁与互换定律"是摩尔根在遗传学领域的一大贡献,它和孟德尔的分离定律、自由组合定律一起,被称为遗传学三大定律.

【实验目的】

通过分析果蝇杂交后代,理解连锁和互换的原理,学习实验结果的数据处理和重组值求法.

【实验原理】

同一条染色体上的遗传因子(基因)是连锁的,而同源染色体基因之间可以发生一定频度的交换,因此在子代中将发现一定频度的重组合型,但一般比亲组合型少得多.遗传学上以重组百分比作为两个基因之间的距离(去掉百分号).重组类型越多,说明发生的交换次数多,二基因相距越远;重组类型低,说明二基因相距近.但需要指出的是,雄性果蝇不发生交换,因此在采用测交的方式来分析果蝇基因连锁与互换时,只能用雌果蝇杂合体与雄果蝇隐性个体测交,统计后代重组类型和亲本类型数量,从而估计出某两个基因之间的距离.

【实验器材与药品】

1. 材料

黑腹果蝇(*Drosophila melanogaster*)两种品系:野生型为灰体、长翅(++);双突变型(double mutant, b vg)为黑体、残翅.

2. 器具和药品

见实验三十一中果蝇的饲养、形体生活史以及雌雄鉴别等相关内容.

【方法与步骤】

1. 杂交设计

(1) 性状特征：双突变型果蝇表现为黑体、残翅（b vg），无论雌雄，它们的体色比正常野生型黑得多，翅膀几乎没有，只有少量的残痕，因而不能飞，只能爬行。基因都在第二染色体上，b 的座位是 48.5，vg 的座位是 67.0。正常野生型的相对性状是灰体、长翅。

(2) 交配方式：若以纯合野生型＋＋/＋＋为♀，纯合双突变型 b vg/b vg 为♂进行杂交，则 F_1 的双杂合体是＋＋/b vg（相引相），表现型是野生型。取 F_1 的♀性个体与双突变型♂性个体回交，得到许多 F_2 子代，其中很多个体都是与原来的亲本相同（即灰体长翅和黑体残翅），称为亲组合类型（parental type），同时也出现了少量的与亲本不同的个体（即黑体长翅和灰体残翅），称为重组合类型（recombination type）。这些重组类型就是 b-vg 间发生交换的结果，如下表所示：

♂ \ ♀	++	+vg	b+	b vg
b vg	++/b vg	+vg/b vg	b+/b vg	b vg/b vg

2. 实验步骤

(1) 收集雌性亲本的处女蝇。实验中亲本和 F_1 代的雌蝇都应该用处女蝇。

(2) 准备好培养基，把已麻醉的♀和♂果蝇，按其交配方式分别放入不同培养瓶内进行杂交，贴上标签。

(3) 6～7 d 后，见到 F_1 幼虫出现时，可倒出亲本。

(4) 再过 3～4 d，检查 F_1 成蝇性状，应该都是野生型（灰身、长翅）。若性状不符，表明实验有差错，不能再进行下去。

(5) 选 5～6 只 F_1 处女雌蝇，与双突变型雄蝇进行测交，贴上标签。

(6) 6～7 d 后倒出 F_1♀蝇和双突变型♂蝇（倒干净）。

(7) 再过 3～4 d，F_2 成蝇出现，麻醉后倒在白瓷板上，按其表现型进行统计，可每隔两天统计一次，连续 6～7 d。将统计结果填入下表：

统计日期 \ 子代类型	长灰	长黑	残灰	残黑
合　　计				

3. 实验结果的检验

实验中所得到的数据，是否符合理论值，要进行统计学处理。分离比和重组值

的检验,通常用 χ^2 检验(见伴性遗传实验),根据本实验数据计算结果如下:

交配方式:F_1 ♀ × 双突变型 ♂

	长灰	长黑	残灰	残黑	合计
实验观察数(O)					
理 论 数 (9:3:3:1)(C)					
偏 差(O−C)					
$\dfrac{(O-C)^2}{C}$					

根据统计结果计算基因(b)和(vg)之间的重组值.

作业与思考题

1. 为什么亲本和 F_1 代雌蝇均要求处女蝇?如果 F_1 自交,雌蝇是否还要求为处女蝇?

2. 请对结果作统计分析,并做 χ^2 检验.

第二篇 综合实验

实验三十 细菌遗传转化

转化是将外源 DNA 分子引入受体细胞,使之获得新的遗传性状的一种手段.它是微生物遗传、分子遗传、基因工程等研究领域的基本实验技术.1928 年,F. Griffith 在肺炎双球菌(*Diplococcus pneumoniae*)中发现了转化现象后,直到 1944 年 O. T. Avery 等通过分离出肺炎双球菌不同物质转化发现参与转化的遗传因子是 DNA,为"遗传的物质基础是 DNA"这一理论提供了有力的实验证据.

【实验目的】

学习采用氯化钙制备大肠杆菌感受态细胞及外源质粒 DNA 转入受体菌细胞的技术,筛选转化体;了解细胞转化的概念及其在分子生物学研究中的意义.

【实验原理】

遗传转化是指同源或异源的游离 DNA 分子(质粒和染色体 DNA)被自然或人工感受态细胞摄取并得到表达的水平方向的基因转移过程.根据感受态建立方式,可以分为自然遗传转化和人工转化.前者感受态的出现是细胞一定生长阶段的生理特性;后者则是通过人为诱导的方法,使细胞具有摄取 DNA 的能力,或人为地将 DNA 导入细胞内.转化是一种生物由于接受了另一种生物的遗传物质,从而获得了某些遗传性状或发生遗传性状改变的现象.

在自然条件下,很多质粒都可通过细菌接合作用转移到新的宿主内,但在人工构建的质粒载体中,一般缺乏此种转移所必需的 mob 基因,因此不能自行完成从一个细胞到另一个细胞的接合转移.如要将质粒载体转移进受体细菌,需诱导受体细菌产生一种短暂的感受态,以摄取外源 DNA.转化过程所用的受体细胞一般是限制修饰系统缺陷的变异株,即不含限制性内切酶和甲基化酶的突变体(R^-、M^-),它可以容忍外源 DNA 分子进入体内并稳定地遗传给后代.受体细胞经过一些特殊方法(如电击法,$CaCl_2$、RbCl(KCl)等化学试剂法)的处理后,细胞膜的通透性发生了暂时性的改变,成为能允许外源 DNA 分子进入的感受态细胞(compenent cells)。进入受体细胞的 DNA 分子通过复制,表达实现遗传信息的转移,使受体细胞出现新的遗传性状。将经过转化后的细胞在筛选培养基中培养,即可筛选出转化子(transformant,即带有异源 DNA 分子的受体细胞)。目前常用的感受态细胞制备方法有 $CaCl_2$ 和 RbCl(KCl)法。RbCl(KCl)法制备的感受态细胞转化效率较高。但 $CaCl_2$ 法简便易行,且其转化效率完全可以满足一般实验的要求,制备出的感受态细胞暂时不用时,可加入占总体积 15% 的无菌甘油于 -70 ℃条件下保存(半年),因此 $CaCl_2$ 法的使用更广泛。

本实验以 E.coli DH5α 菌株为受体细胞,并用 $CaCl_2$ 处理,使其处于感受态,然后与 pBS 质粒共保温,实现转化。由于 pBS 质粒带有氨苄青霉素抗性基因(Ampr),可通过 Amp 抗性来筛选转化子。如受体细胞没有转入 pBS,则在含 Amp 的培养基上不能生长。能在 Amp 培养基上生长的受体细胞(转化子)意味着已导入了 pBS。转化子扩增后,可将转化的质粒提取出,进行电泳、酶切等进一步鉴定。

实验包括转化供体 DNA 获得、受体细菌的制备及转化技术。以实验二十所提取的质粒 DNA 作为转化供体 DNA。

【实验器材与试剂】

1. 材料

E.coli DH5α 菌株:R^-,M^-,Amp^-;pBS 等质粒 DNA;购买或实验室自制。

2. 器具

恒温摇床、电热恒温培养箱、台式高速离心机、无菌工作台、低温冰箱、恒温水浴锅、制冰机、分光光度计、微量移液枪、eppendorf 管。

3. 试剂及其配制

(1) LB 固体和液体培养基:配方见实验二十。

(2) Amp 母液。

(3) 含 Amp 的 LB 固体培养基:将配好的 LB 固体培养基高压灭菌后冷却至 60 ℃左右,加入 Amp 储存液,使终浓度为 50 μg/mL,摇匀后铺板。

(4) 0.05 mol/L 的 $CaCl_2$ 溶液:称取 0.28 g $CaCl_2$(无水,分析纯),溶于 50 mL 重蒸水中,定容至 100 mL,高压灭菌。

(5) 含 15% 甘油的 0.05 mol/L 的 $CaCl_2$ 溶液:称取 0.28 g $CaCl_2$(无水,分析纯),溶于 50 mL 重蒸水中,加入 15 mL 甘油,定容至 100 mL,高压灭菌。

【实验步骤】

1. 感受态细菌的制备

(1) 受体菌的培养:从 LB 平板上挑取新活化的 E.coli DH5α 单菌落,接种于

3～5 mL LB 液体培养基中,37 ℃下振荡培养 12h 左右,直至对数生长后期。将该菌悬液以 1∶100～1∶50 的比例接种于 100 mL 液体培养基中,37 ℃下振荡培养 2～3h 至 A_{600}＝0.5 左右。

(2) 感受态细胞的制备（$CaCl_2$ 法）

① 将培养液转入离心管中,冰上放置 10 min,然后于 4 ℃下 3 000 g 离心 10 min。

② 弃去上清,用预冷的 0.05 mol/L 的 $CaCl_2$ 溶液 10 mL 轻轻悬浮细胞,冰上放置 15～30 min 后,4 ℃下 3 000 g 离心 10 min。

③ 弃去上清,加入 4 mL 预冷含 15% 甘油的 0.05 mol/L 的 $CaCl_2$ 溶液,轻轻悬浮细胞,冰上放置几分钟,即成感受态细胞悬液。

④ 将感受态细胞分装成 200 μL 一份的小份,贮存于 −70 ℃下可保存半年。

2. 质粒 DNA 转化细菌

(1) 从 −70 ℃冰箱中取 200 μL 感受态细胞悬液,室温下使其解冻,解冻后立即置冰上。

(2) 加入 pBS 质粒 DNA 溶液（含量不超过 50 ng,体积不超过 10 μL）,轻轻摇匀,冰上放置 30 min。

(3) 42 ℃水浴中热击 90s 或 37 ℃水浴 5 min,热击后迅速置于冰上冷却 3～5 min。

(4) 向管中加入 1 mL LB 液体培养基（不含 Amp）,混匀后 37 ℃下振荡培养 1 h,使细菌恢复正常生长状态,并表达质粒编码的抗生素抗性基因（Ampr）。

(5) 将上述菌液摇匀后取 100 μL 涂布于含 Amp 的筛选平板上,正面向上放置半小时,待菌液完全被培养基吸收后倒置培养皿,37 ℃下培养 16～24 h。

同时做下列两个对照：① 对照组 1：以同体积的无菌双蒸水代替 DNA 溶液,其他操作与实验组相同。此组正常情况下在含抗生素的 LB 平板上应没有菌落出现。② 对照组 2：以同体积的无菌双蒸水代替 DNA 溶液,但涂板时只取 5 μL 菌液涂布于不含抗生素的 LB 平板上。此组正常情况下应产生大量菌落。

(6) 计算转化率：统计每个培养皿中的菌落数。转化后在含抗生素的平板上长出的菌落即为转化子,根据菌落数可计算出转化子总数和转化频率,公式如下：

① 转化子总数＝菌落数×稀释倍数×转化反应原液总体积/涂板菌液体积；

② 转化频率（每微克质粒 DNA 转化子数）＝转化子总数/质粒 DNA 加入量（μg）；

③ 感受态细胞总数＝对照组 2 菌落数×稀释倍数×菌液总体积/涂板菌液体积；

④ 感受态细胞转化效率＝转化子总数/感受态细胞总数。

【注意事项】

为了提高转化效率,实验中要考虑以下几个重要因素：

(1) 细胞生长状态和密度：不要用经过多次转接或储于 4 ℃下的培养菌，最好从 −70 ℃或 −20 ℃甘油保存的菌种中直接转接用于制备感受态细胞的菌液。细胞生长密度以刚进入对数生长期时为好，可通过监测培养液的 A_{600} 来控制。DH5α 菌株的 A_{600} 为 0.5 时，细胞密度在 $5×10^7$ 个/mL 左右（不同的菌株情况有所不同），这时比较合适。密度过大或不足均会影响转化效率。

(2) 质粒的质量和浓度：用于转化的质粒 DNA 应主要是超螺旋态 DNA（cccDNA）。转化效率与外源 DNA 的浓度在一定范围内成正比，但当加入外源 DNA 的量过多或体积过大时，转化效率就会降低。1 ng 的 cccDNA 即可使 50 μL 的感受态细胞达到饱和。一般情况下，DNA 溶液的体积不应超过感受态细胞体积的 5％。

(3) 试剂的质量：所用的试剂，如 $CaCl_2$ 等均需是最高纯度的（GR. 或 AR.），并用超纯水配制，最好分装保存于干燥的冷暗处。

(4) 防止杂菌和杂 DNA 的污染：整个操作过程均应在无菌条件下进行，所用器皿，如离心管移液枪头等最好是新的，并经高压灭菌处理，所有试剂都要灭菌，且注意防止被其他试剂、DNA 酶或杂 DNA 污染，否则会影响转化效率或杂 DNA 的转入，给以后的筛选、鉴定带来不必要的麻烦。

作业与思考题

1. 统计转化菌落数，并计算转化效率。
2. 简述转化的原理与意义。
3. 试述影响转化的因素。

实验三十一　果蝇形态特征、生活史观察与杂交实验

黑腹果蝇（*Drosophila melanogaster*）属于双翅目昆虫，由于具有生活史短、繁殖率高、染色体数目少、饲养简便等特点，曾为遗传学理论研究作出了巨大贡献．尤其是果蝇基因的分离、连锁、交换等方面的研究更广泛而充分，时至今日，果蝇仍是重要的遗传与发育研究对象和材料．

摩尔根（Thomas Hunt Morgan，1866—1945）是美国著名遗传学家、现代遗传学奠基人之一．他以果蝇为材料首先分析了X染色体连锁的许多性状的遗传，提出了遗传学三个基本定律中的基因连锁互换定律，确立了基因作为遗传单位的基本概念．

【实验目的】

了解果蝇生活史中各个不同阶段的形态特点；掌握实验果蝇的饲养、管理及实验处理方法和技术；区别雌雄果蝇以及几种常见突变类型果蝇的主要性状特征；配置果蝇杂交组合，分析单因子、双因子及伴性遗传，并用杂交结果进行适合性检验．

【实验器材与试剂】

1. 材料

野生型果蝇及各种突变型果蝇．

2. 器具与试剂

双目解剖镜、放大镜、小镊子、解剖针、麻醉瓶、白瓷板、新毛笔、乙醚、乙醇、培养瓶．

【实验原理、方法与步骤】

（一）果蝇的形态、生活史及其特点

果蝇具有完全变态，生活史包括卵、幼虫、蛹和成虫四个阶段；生长迅速，在25 ℃时10～12 d即可完成一个世代；繁殖力强，每只受精的雌蝇可产卵400～500个；染色体数目少（$2n=8$），有利于遗传学研究分析；容易饲养；常见的形态性状突变个体类型多．

1. 果蝇的生活史

果蝇属于昆虫纲，双翅目，果蝇属，与家蝇是不同的种．果蝇的生活周期长短与温度关系很密切．30 ℃以上的温度能使果蝇不育和死亡，低温则使它的生活周期延长，同时生活力也降低．果蝇培养的最适温度为20～25 ℃．25 ℃时，从卵到成虫约需10 d（表31-1）；在25 ℃时成虫约成活15 d．

表 31-1　不同温度条件下果蝇的生活周期

	10 ℃	15 ℃	20 ℃	25 ℃
卵→幼虫			8 d	5 d
幼虫→成虫	57 d	18 d	6.3 d	4.2 d

卵：羽化后的雌蝇一般在 12 h 后开始交配，2 d 后才能产卵。卵长 0.5 mm，为椭圆形，腹面稍扁平，在背面的前端伸出一对触丝，它能使卵附着在食物(或瓶壁)上，不致深陷到食物中去。

幼虫：从卵孵化出来后，经过两次蜕皮，发育成三龄幼虫，此时体长可达 4～5 mm。肉眼可见其前端稍尖部分为头部，上有一黑色斑点即为口器。口器后面有一对透明的唾液腺，透过体壁可见到一对生殖腺位于躯体后半部上方的两侧。精巢较大，外观上是一明显的黑点；而卵巢则较小，可据此鉴别雌雄。幼虫活动力强而贪食，它们在培养基上爬行时，留下很多条沟。沟多而且宽时，表明幼虫生长良好。

蛹：幼虫生活 7～8 d 就准备化蛹。化蛹前从培养基上爬出，附着在瓶壁，逐渐形成一梭形的蛹。蛹前部有两个呼吸孔，后部有尾芽，起初蛹壳颜色淡黄而柔软，以后逐渐硬化，变为深褐色，表明即将羽化。

成虫：幼虫在蛹壳内完成成虫体型和器官的分化，最后从蛹壳前端爬出。刚从蛹壳里羽化出来的果蝇虫体比较长，翅膀尚未展开，体表尚未完全几丁质化，故呈半透明的乳白色。透过腹部体壁，可以看到黑色的消化系统。不久，变为短粗圆形，双翅展开，体色加深。如野生型初为浅灰色，后呈灰褐色。

果蝇的生活周期及各发育阶段的形态如图 31-1 所示。

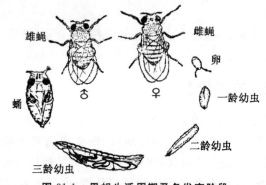

图 31-1　果蝇生活周期及各发育阶段
(引自刘祖洞 1992 年版《遗传学实验》)

2. 形态构造

头部：有一对复眼、三个单眼和一对触角。

胸部：有三对足、一对翅和一对平衡棒。

腹部：背面有黑色环纹，腹面有腹片，外生殖器在腹部末端，全身有许多体毛和刚毛。

3. 成虫雌雄的鉴别

雌雄果蝇的鉴别特征如表 31-2、图 31-2 及图 31-3 所示.

表 31-2 雌雄果蝇的鉴别物征

雌果蝇	雄果蝇
体形较大	体形较小
腹部椭圆形,末端稍尖	腹部末端钝圆
腹部背面有明显的五条黑色条纹	腹部背面有三条黑色花纹,前两条细,后一条宽且延续至腹面
腹部腹面有明显的六个腹片(刚毛围成一圈)	四个腹片
无性梳	第一对跗节基部的一节有性梳
外生殖器外观比较简单	外生殖器外观较复杂,刚羽化的幼蝇用低倍镜可明显观察到生殖弧、肛口板及阴茎

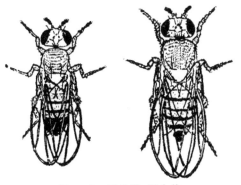

图 31-2 果蝇雌、雄个体

(引自刘祖洞 1992 年版《遗传学实验》)

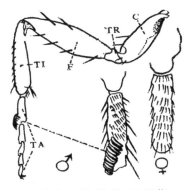

C:基节　TR:转节　F:腿节

TI:胫节　TA:跗节

左:雄性果蝇的左前足;中:跗节基部的性梳;

右:雌果蝇无性梳

图 31-3 雌雄果蝇的鉴别

(引自刘祖洞 1992 年版《遗传学实验》)

4. 果蝇常见的几种突变类型(表 31-3)

表 31-3 果蝇常见突变类型的形状特征

突变类型名称	基因符号	形状特征	所在染色体
白眼	w	复眼白色	X
棒眼	B	复眼横条形	X
檀黑体	e	体呈乌木色,黑亮	ⅢR
黑体	b	体呈深色	ⅡL
黄身	y	体呈浅橙黄色	X
残翅	vg	翅退化,部分残留不能飞	ⅡR
焦刚毛	sn	刚毛卷曲如烧焦状	X
小翅	m	翅较短	X

5. 果蝇的染色体组成与性别决定.

(1) 染色体组成:果蝇为二倍体($2n=8$).

(2) 果蝇的性别决定:果蝇的性别决定为 XY 型. Y 染色体在性别决定上不起作用,只与育性有关.含有 Y 染色体,可产生正常的配子;不含 Y 染色体,则配子不育.性别决定与 X 染色体/常染色体比值(性指数,X/A)有关.$X/A=1$,为雌性;$X/A=0.5$,则为雄性;$X/A>1$,为超雌;$X/A<0.5$,为超雄;$0.5<X/A<1$,则为中间性.

(二) 果蝇杂交实验

1. 配置杂交组合

为分析遗传的基本规律(包括分离定律、自由组合定律、伴性遗传定律、连锁与互换定律),需要根据实验目的配置如下组合:

(1) 一对相对性状:长翅(雌)×残翅(雄);残翅(雌)×长翅(雄).

(2) 两对相对性状:灰残(雌)×檀黑长(雄);檀黑长(雌)×灰残(雄).

(3) 伴性遗传:红(雌)×白(雄);白(雌)×红(雄).

(4) 三点测交:三隐性(雌)×野生型(雄).

果蝇突变体

	+	e	y	w	B	wy	vg	勺翅	缺刻	三隐性
体色	灰	黑棕	黄	灰	灰	黄	灰	灰	灰	灰
眼色形	红	红	红	白	红棒	白	红	红	红	白
翅形	长	长	长	长	长	长	残	勺	缺刻	与腹部末端平齐
刚毛	直	直	直	直	直	直	直	直	直	曲

X 染色体:焦刚毛(sn),小翅(m); 第Ⅱ染色体:黑身,残翅;第Ⅲ染色体:檀黑身;第Ⅳ染色体:无眼(ey).

2. 杂交步骤

依据前面果蝇遗传生活史,雌蝇羽化后 12 h 不交配,挑选处女蝇.按组合收集 2~3 对雌雄蝇——放入培养瓶中交配,即杂交(记录杂交日期,并做好标记)——7~8 d 后蛹变黑时,去除作为亲本的成蝇——2~4 d、5~6 d、7~8 d 后观察 F_1,记录 F_1 的性状,统计数字,选出 5~6 对雌雄蝇转入新的培养瓶中做兄妹交——7~8 d 后去掉 F_1 代成蝇(记录日期)——2~4 d、5~6 d、7~8 d 后观察 F_2 代蝇,统计记录结果.

3. 结果统计分析

整理记录结果,分别做 χ^2 检验,看其是否符合遗传规律.F_1 代要多于 30 只,F_2 代要多于 50 只.三点测交计算图距.

重组值=重组合/(亲组合+重组合)

图距=重组值或重组值之和

交换值小于50%,而图距可以大于50%.

基因直线排列定律(Sturtevant,1913):三点实验中,两边的两个基因间的重组值一定等于另外两个重组值之和减去两倍的双交换值.

并发率＝观察到的双交换百分率/两个单交换百分率乘积.

干涉(干扰)＝1－并发率.

【注意事项】

1. 防止因果蝇混杂而导致实验失败.
2. 果蝇麻醉不可过度.
3. 将果蝇放入培养瓶时要先把瓶子倾斜,待果蝇苏醒后再把瓶子竖起来,以防果蝇粘在培养基中而不能苏醒.

附:果蝇培养基的配制(1 000 mL用量)

玉米面	红糖	琼脂	干酵母	正丙酸
85 g	65 g	8.5 g	7 g	5 mL

水溶琼脂→加红糖→加搅好的玉米面→煮沸→加水至1 000 mL→冷却→50 ℃左右加入酵母粉→加入正丙酸(防腐剂).培养瓶处理:150 ℃、30 min干热灭菌(带瓶塞).

作业与思考题

1. 完成杂交实验,写出实验报告.
2. 挑果蝇时,除了要注意雌雄外,还要注意什么?
3. 什么是 χ^2 检验?

实验三十二　植物多倍体的诱发和鉴定

一般而言,自然界各种生物都有相当稳定的染色体数目.遗传学上把一个配子的染色体数,称为染色体组.一个染色体组内每个染色体的形态和功能各不相同,但又相互协调,共同控制生物的生长、发育、遗传和变异.含有两套以上染色体组的生物,称为多倍体.除了自然界存在的多倍体植物物种之外,还可采用高温、低温、X射线照射、嫁接和切断等物理方法人工诱发多倍体植物.

【实验目的】

了解人工诱导植物多倍体的原理、方法及其在植物育种上的意义;初步掌握用秋水仙素诱发多倍体的实验技术和多倍体的鉴定方法,鉴别诱导后染色体数目的变化.

【实验原理】

自然界各种生物的染色体数目一般是相当稳定的,这是物种的重要特征.例如,黑麦体细胞染色体数为14条,配成7对.遗传学上把一个配子的染色体数称为染色体组,用 n 表示.如黑麦染色体组内包含7条染色体,它的基数 $X=7$.

由于各种生物的起源不同,细胞核内可能具有一个或一个以上的染色体组.凡是细胞核中含有一套完整染色体组的就叫单倍体,用 n 表示.具有两套以上染色体组的生物体则称为多倍体,如三倍体($3n$)、四倍体($4n$)、六倍体($6n$)等,这类染色体数目的变化是以染色体组为单位的增减,所以又称做整倍体.

按染色体组的来源划分,整倍体又可区分为同源多倍体和异源多倍体.凡增加的染色体组来自同一物种或者是原来的染色体组加倍的结果,称为同源多倍体;如果增加的染色体组来自不同的物种,则称为异源多倍体.

多倍体普遍存在于植物界,目前已知被子植物中有 1/3 或更多的物种是多倍体,如小麦属(*Triticum*)染色体基数是7,属二倍体的有一粒小麦,四倍体的有二粒小麦,六倍体的有普通小麦.除了自然界存在的多倍体植物物种之外,还可采用高温、低温、X射线照射、嫁接和切断等物理方法人工诱发多倍体植物.在诱发多倍体的方法中,以应用化学药剂更为有效.如秋水仙素、萘嵌戊烷、异生长素、富民农等,都可诱发多倍体,其中以秋水仙素的效果最好,使用最为广泛.

秋水仙素是由百合科植物秋种番红花——秋水仙(*Colchicum autumnale* L.)的种子及器官中提炼出来的一种生物碱,化学分子式为 $C_{22}H_{25}NO_6$,具有麻醉作用,对植物种子、幼芽、花蕾、花粉和嫩枝等可产生诱变作用.其作用机制是:当细胞进行分裂时,一方面能使染色体的着丝点延迟分裂,于是已经复制的染色体两条染色单体分离,而着丝点仍连在一起,形成"X"形染色体图(称 C-有丝分裂,即秋水仙效应有丝分裂);另一方面,引起分裂中期的纺锤丝断裂,或抑制纺锤体的形成,使染色体不走向两极而被阻止在分裂中期,这样细胞不能继续分裂,从而产生染色体数目加倍的核.若染色体加倍的细胞继续分裂,就形成多倍性的组织.由于多倍性组织分化所产生的性细胞的配子是多倍性的,因而也可通过有性繁殖方法把多倍体繁殖下去.秋水仙素之所以产生这两个方面的作用,在于秋水仙素使用浓度的不同.用于中期核型分析时使用较高浓度的秋水仙素,而用于诱导产生双倍体或多倍体时使用较低的浓度,且当秋水仙素浓度很低时,还有加快染色体运动、使染色体更快到达两极的作用.

多倍体已成功地应用于植物育种,用人工方法诱导的多倍体,可以得到一般二倍体所没有的优良经济性状,如粒长、穗长、抗病性强等.三倍体西瓜、三倍体甜菜、八倍体小黑麦已在生产上得到应用.在单倍体育种(如花粉培养、花药培养)中,最终也需要进行加倍才能获得可育性的品种,这也要用到多倍体诱导技术.

多倍体的鉴定,除了检查染色体数目变化外,形态特征的变异也是一个重要方面.多倍体植物的气孔、花器、花粉粒、种子、果实等部分明显变大,气孔数目减少而密度变稀,同源多倍体育性有一定影响,所以同源多倍体中有部分畸形的不育花粉粒.

【实验器材与试剂】

1. 材料

(1) 洋葱($2n=16$)、大麦($2n=14$)、大蒜($2n=16$)、西瓜($2n=22$)、玉米($2n=20$)、蚕豆($2n=12$)等的种子和鳞茎.

(2) 葡萄植株、插条或其他果树植株.

2. 器具

显微镜、烧杯、量筒、酒精灯、镊子、刀片、载片、盖片、小滴瓶、吸水纸、铅笔等.

3. 试剂

0.1%和0.025%的秋水仙素水溶液、1 mol/L 的 HCl、0.1%～0.2%的硝酸银、1%的碘化钾、无水乙醇、70%的乙醇、45%的醋酸、改良苯酚品红染色液、卡诺固定液等.

【实验步骤】

1. 植物根尖多倍体诱导与观察

(1) 取洋葱,刮去老根,放在小烧杯中,加水至刚与根部接触为止,室内培养至新根长出 0.5～1.0 cm,将上述小烧杯中的水换成含 0.1%秋水仙素的水溶液,至阴暗处培养 2 d,至根尖膨大为止(图32-1).

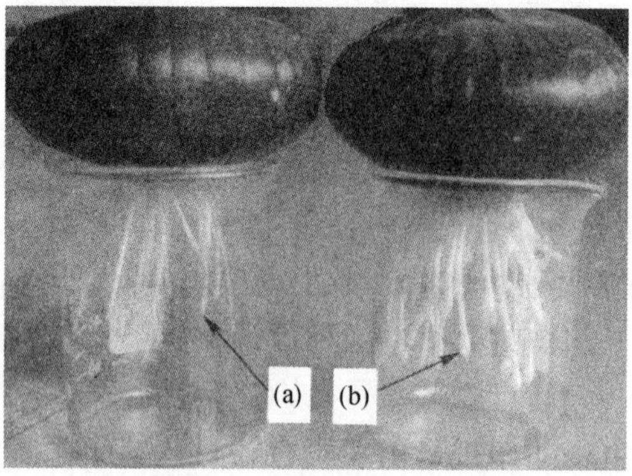

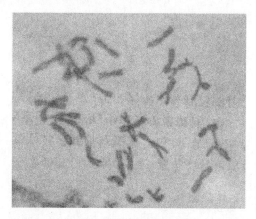

(a) 正常根尖；(b) 诱变后膨大的多倍体根尖

图 32-1　洋葱根尖诱变处理

(2) 固定：用蒸馏水冲洗根尖 2 次，切取根尖末端约 0.5 cm 投入卡诺固定液（无水乙醇∶冰醋酸＝3∶1）中固定 2~8 h，95% 的乙醇冲洗一次，换入 70% 的乙醇中保存。

(3) 解离：1 mol/L 的 HCl 解离 6~8 min，以根尖伸长区透明、分生区呈乳白色时停止解离为宜，水洗 3 次。

(4) 染色：在载玻片上切取根尖膨大处的前部（呈乳白色的区域），用镊子（或另一载玻片）将其挤碎，在载片上有材料之处加一滴改良苯酚品红染色液，染色 8~10 min。

(5) 压片：覆一盖片，在酒精灯火焰上微烤，用铅笔硬头敲击压片，然后隔吸水纸用拇指展平，吸去多余染液。

(6) 观察：低倍镜下寻找染色体分散良好的分裂相，换高倍镜观察染色体数目。洋葱根尖细胞多倍体染色体如图 32-2 所示。

图 32-2　洋葱根尖多倍体染色体($2n=4X$)

2. 多倍体植物的诱导

(1) 芽的诱变处理：选用葡萄植株或插条等果树的顶芽或腋芽生长点进行处

理,在芽部固定一个蘸有 0.5%～0.7% 的秋水仙素棉球(最好外套一个保鲜袋以防蒸发),连续处理 2～3 d 后去掉棉球,反复用清水冲洗生长点.或将蘸有 0.5%～0.7% 的秋水仙素棉球涂抹生长点,待进一步生长后,再进行观察和鉴定.

(2) 种子的诱变处理:① 将植物的种子放在 0.1% 的秋水仙素溶液中浸 24 h,取出种子后用自来水冲洗 2～3 次;② 将种子移到被 0.025% 的秋水仙素溶液湿润了的吸水纸的培养皿中→加盖后置于 20 ℃ 培养箱发芽→2 d 后长出幼苗(干燥种子比浸过的种子要多处理 1 d,种皮厚、发育慢的种子应先催芽后进行处理;由于秋水仙素能阻碍根系发育,所以对已经发芽的种子应用较低的浓度处理较短的时间).③ 处理后取出幼芽,用自来水缓缓冲洗,以防损伤→将幼苗移栽到大田或花盆。同时播种为处理的种子幼苗作对照.

(3) 幼苗的诱变处理(发芽慢的种子在出苗后处理效果更好):下面以西瓜为例,介绍两种诱变处理方法:

方法一:二倍体西瓜种子浸种催芽至胚根长 1～1.5 cm 后,将胚根倒置于盛有 0.2%～1.4% 的秋水仙素溶液的培养皿中,25 ℃ 下浸 20～24 h(为避免失水,须用湿滤纸将根盖好),水洗后栽种或沙培.方法二(田间处理幼苗):当田间幼苗子叶展平时,每天早晚用 0.25% 或 0.4% 的秋水仙素溶液滴浸生长点各一次(每次 1～2 滴),连续 4 d(注意遮阴保湿).采用以上两种方法可获得四倍体西瓜,再与二倍体西瓜杂交就可培育成三倍体西瓜.

【注意事项】

1. 秋水仙素为剧毒物,应注意不要将药品沾到皮肤或眼睛.如果沾到皮肤,应立即用自来水反复认真冲洗.

2. 秋水仙素处理时间应根据供试材料的细胞周期而定,当处理时间介于实验材料细胞周期的 1～2 倍时,可观察到细胞由二倍体变为四倍体;当处理时间超过实验材料细胞周期 2 倍以上时,细胞可从四倍体变为八倍体.另外,秋水仙素的浓度对处理效果也有一定影响,应注意掌握.

3. 多倍体细胞中染色体的形态有两种:一种为一条染色体含有一条染色单体;另一种为一条染色体含有两条染色单体(注意观察).

作业与思考题

1. 绘出所观察到的多倍体细胞的染色体图.
2. 秋水仙素诱发多倍体的原理是什么?
3. 说出能够诱发多倍体的其他因素,想一想利用这些因素应该怎么做这个实验.
4. 根尖经秋水仙素处理之后为什么会发生膨大?

实验三十三 杂种优势的测定与分析

杂种优势是生物界极为普遍而重要的遗传现象.凡是能够进行有性繁殖的生物,从真菌类到高等动植物,从远缘杂交到近缘杂交,无论是异花授粉作物还是自花授粉作物,都可见到这种现象.因此现在日益把利用杂种优势作为发展生产的一种重要手段.

【实验目的】

理解杂种优势的概念,通过杂交实验观察杂种不同性状的优势效应,掌握杂种优势的估算方法.

【实验原理】

家蚕和玉米是农业生产中利用杂种优势最早也最有成效的生物.遗传结构不同的家蚕纯系品种、品系间杂交,其杂种第一代都表现出两个最显著的特点.一是F_1代各个体的性状间表现出高度的一致性,二是F_1代比双亲具有更强的生长势,表现为生长发育快、体大而重、抗病抗逆性强、繁殖力高、产卵多等.这种F_1代多方面表现出强大生长势的现象,称为杂种优势(hybrid vigor,heterosis).杂种优势较多的见于种内不同品种(品系)间的F_1代,但在种间也可能发生,如马和驴杂交生成骡,其许多特性明显优于双亲.

杂种优势是一种复杂的生物现象,并不是任何两个亲本杂交所产生的杂种,其所有性状都比亲本优越.有些杂种或杂种的某些性状可能会有明显的杂种优势,有些则与其亲本水平相当,有些甚至比其亲本还差,表现出劣势.如远缘杂种经常表现出可育性很低或不育就是劣势.

杂种优势是由基因非加性效应所引起的,难于固定.家蚕杂种优势以F_1代最明显,F_2、F_3代渐次减弱.杂种优势又因杂交亲本的纯度、性状、环境条件、性别和组合方式等而异.一般来说,杂交的双亲在血缘关系、形态特征、生理特性等方面的差异愈大,杂种优势就愈明显;遗传距离越远,杂种优势也会越强.家蚕起源于中国,因而中国种的遗传基础丰富,与日本种、西亚欧洲种的遗传差异大,所以中×日、中×欧的杂交种具有明显的杂种优势,而日×欧杂交种的杂种优势较小.含有多化血缘的中国种和一、二化性的中国种杂交,也有较强的杂种优势.

杂种优势受环境条件影响.就家蚕而言,通常在桑叶质量好、营养丰富和气候条件优良的季节养蚕时,全茧量、茧层量、茧丝量、茧丝长等茧丝性状的杂种优势就会充分发挥出来,表现出比较高的杂种优势.但在生命力方面,则是夏秋蚕具有比春蚕更大的杂种优势.各性状的杂种优势表现还与体内的生理代谢因素有关.

家蚕一代杂交种主要性状的杂种优势现象表现如下：

(1) 杂种第一代的产卵数及总卵数较双亲平均数或任一亲本都多,有超亲本优势;发蛾率、良卵率及残存卵率比双亲平均数略高;产卵率与双亲平均值相仿.

(2) F_1代饲养日数,中×中、欧×欧、日×欧杂种均较双亲短;中×欧、中×日的F_1代介于双亲之间而接近于中国种亲本.

(3) 体质量增长倍数,以五龄和一龄最大,二龄几乎同双亲平均值相等;生命率、结茧率、收茧量等较任一亲本或双亲平均值为高,而屑茧率低于双亲.

(4) 全茧量和茧层量高于双亲平均值或任一亲本;茧形大体为双亲中间型.

(5) 丝长、丝量大于双亲均值或任一亲本,其中以万蚕产丝量最多,其次是茧丝量、茧丝长和鲜茧出丝率.

(6) 杂种F_1代的茧丝纤度较双亲平均值为粗;解舒率较双亲平均值为优;解舒丝长较双亲平均值为长.

(7) F_1代对高温、多湿的抵抗力显著比双亲原种强,四龄起蚕结茧率和健蛹率显著优于双亲,死笼茧率比双亲显著降低.

(8) 双宫茧率较任一亲本为高.

【实验器材与场地】

1. 器具

电子天平、小脸盆、记录笔、记录本、计算器、裁纸刀、比重计和温度计等.

2. 材料

具有遗传差异的中、日系蚕品种各一个,分别配制各杂交形式：F_1、B_1、B_2、F_2.

3. 场地和条件

饲料(桑叶)、蚕室、养蚕用基本用具、蚕种冷藏用冰箱、浸酸的基本药品(盐酸和甲醛).

【实验步骤】

1. 同一条件下按常规方法分别饲养两个亲本及F_1、B_1、B_2、F_2代,四龄起蚕数每区300头,分别设立3个重复.

2. 记录每天的死亡数和偶因淘汰数,上簇采茧时调查簇中死亡数,调查各龄眠蚕质量和熟蚕质量,上簇一周左右进行种茧调查(收茧量、全茧量、蛹体质量、茧层量、茧层率和死笼率).

【杂种优势的度量】

要研究和利用杂种优势,必须有适当的方法来度量杂种优势的大小与表现程度.通常用杂种效果、杂种优势率、杂种优势指数来度量;有时也因研究的需要,采用势能比值、超亲杂种优势率和竞争杂种优势率等来表示杂种优势的大小.

1. 杂种效果

双亲杂交的 F_1 代表型值与双亲平均值的差值即为杂种效果. 其计算公式为：
$$\delta = F_1 - Mp$$

2. 杂种优势率(V.R.)

杂种优势率是 F_1 代的数量值超过双亲平均值的百分率, 简称优势率(V.R.). 杂种优势率是相对值, 消除了性状单位, 因此它不仅可以比较不同杂交组合的同一性状的优势大小, 而且可以相互比较不同组合、不同性状之间的杂种优势大小. 其计算公式为：
$$V.R.(\%) = \frac{F_1 - Mp}{Mp} \times 100\%$$

3. 杂种优势指数

F_1 代表型值与中亲值的比值, 称为杂种优势指数(V.I.). 由于杂种优势指数是一种相对值, 消除了性状单位, 因此可以进行不同性状间比较, 同优势率一样, 也是得到普遍应用的一个度量杂种优势的指标. 某些性状如发育经过日数、一公斤茧粒数等, 杂种优势越强, 杂种优势指数越小. 其计算公式为：
$$V.I.\%(杂种优势指数) = \frac{F_1}{Mp} \times 100$$

4. 势能比值

杂种效果与中亲值的比值称为势能比值(P.R.), 其计算公式为：
$$P.R.(势能比值) = \frac{\delta}{\frac{1}{2}(P_1 - P_2)} = \frac{F_1 - Mp}{\frac{1}{2}(P_1 - P_2)}$$

式中 P_1 为数量值较大的亲本值, P_2 为数量值较小的亲本值. 从这个公式可以看出, 只要势能比值大于零, 其比值越大, 杂种优势越明显. 将 P.R 公式经换算, 可以得 $F_1 = 1/2 P.R.(P_1 - P_2) + Mp$, 从中可以看出, 当亲本的中亲值不变时, 双亲差值越大, 则杂种 F_1 代 F_1 值越大, 反之 F_1 值愈小, 可见两亲本遗传差距对杂种优势有明显影响. 同时, 势能比值还可用来衡量双亲性状的显性效应. 当 $P.R. = 0$ 时, 为无显性; 当 $P.R. = \pm 1$ 时, 为正向或负向完全显性; 当 $1 > P.R. > 0$ 时, 为正向部分显性; 当 $-1 < P.R. < 0$ 时, 为负向部分显性.

5. 超亲杂种优势率

超亲杂种优势率(S.P.H.%)是指 F_1 表型值和较优亲本的差值与较优亲本表型值的比率. 用公式表示则为：
$$S.P.H\%(超亲杂种优势率) = \frac{F_1 - P_h}{P_h} \times 100\%$$

式中, P_h 为较优亲本表型值.

6. 竞争优势率

竞争优势率属于生产范畴的概念. 一代杂交种之所以能在生产上推广应用, 不仅在于主要经济性状具有较大的杂种优势,而且还要超过品比试验的对照种,故又称为对照优势率.利用竞争优势率能反映出一代杂种的生产价值.其计算公式为:

$$竞争优势率(对照优势率)(\%) = \frac{F_1 - S_t}{S_t} \times 100\%$$

式中,S_t 为对照种表型值.竞争优势率越大,表明该杂交种的实用价值越高.

【实验结果分析】

选择以上 2~3 种杂种优势度量指标,计算分析收茧产量、各龄眠蚕质量、全茧量、茧层量、茧层率和生命率等家蚕主要经济性状的杂种优势.

作业与思考题

1. 根据计算分析,比较亲本与杂种后代的表型差异,有哪些性状表型明显的杂种优势?
2. 为了获得比较准确的结果,在实验条件上应注意哪些关键技术?

实验三十四　植物原生质体的分离和培养

植物细胞具有细胞壁.通过酶水解的方法除去细胞壁可以分离、获得大量的原生质体.分离得到的原生质体可以用于细胞融合研究或进行基因改良与遗传操作.植物原生质体具有全能性,在适宜的条件下培养可以再生成完整的植株.因此,植物原生质体的分离和培养在植物体细胞工程与育种研究中具有广阔的应用前景.

【实验目的】

掌握植物原生质体的分离、纯化和培养技术,了解原生质体再生细胞壁和细胞分裂的过程.

【实验原理】

植物细胞与动物细胞的最大区别在于植物细胞膜外具有一层细胞壁.原生质体是去除了细胞壁的裸露的植物细胞.高等植物和绿藻细胞壁的主要成分是纤维素和果胶质,其他藻类细胞壁的主要成分是纤维素和各种藻胶质.利用特定的酶水解细胞壁成分可以分离、获得大量的原生质体.分离得到的原生质体在适宜的培养条件下可合成新的细胞壁,进行细胞分裂,进而再生成完整的植株.

获得的原生质体在细胞生物学研究中有广泛的用途.可以进行原生质体融合,改变体细胞的遗传物质,克服远缘杂交不亲和的缺陷,建立优良的杂交新品种.去除了细胞壁的原生质体可用于细胞壁的生物合成、质膜的结构与功能、物质运输、能量转换、信息传递、细胞识别等生理生化研究中.原生质体裸露的质膜可摄入外源DNA、细胞器、细菌或病毒颗粒,用于基因表达调控和植物遗传工程研究.此外,还可用于研究染色体行为、基因定位、细胞器分离和细胞器的遗传操作等.原生质体的这些特性与植物细胞的全能性结合在一起,已经在遗传工程和体细胞遗传学中开辟了一个理论和应用研究的崭新领域.

【实验器材与试剂】

1. 材料

紫菜、礁膜、浒苔.

2. 器具

超净工作台、低速离心机、倒置显微镜、光照培养箱、高压灭菌锅、血球计数板、带盖离心管、细菌过滤器、300目镍丝网、剪刀、镊子、刻度吸管、培养皿、烧杯等.

3. 试剂

(1) 洗涤液：灭菌海水、0.7 mol/L 的甘露醇、25 mmol/L 的 MES(2-(N-Morpholino)ethanesulfonic acid, mono-hydrate)(pH 6.2)。

(2) 混合酶液：2% 的纤维素酶和 1% 的果胶酶，溶于洗涤液中，过滤除菌。

(3) 培养基：灭菌的天然海水，添加含 40 mg/L 氮和 4 mg/L 磷的营养盐。

【方法与步骤】

1. 取复苏的条斑紫菜、礁膜、浒苔叶状体各 0.1 g，用毛笔在海水中反复刷洗，去除藻体表面的附着物，在 0.7% 的 KI 海水溶液中浸泡 10 min，用灭菌海水漂洗 5 次。

2. 将无菌海藻叶片置 20 mL 混合酶液中，用灭菌剪刀剪成细小的碎块，在 20 ℃下，120 r/min 摇床上酶解 3～4 h。期间可用无菌吸管吸取酶解液，在显微镜下检查原生质体的分离情况。

3. 将酶解后的原生质体悬液用灭菌的 300 目细胞筛过滤，以除去未酶解完全的藻体碎片。

4. 将原生质体滤液收集到离心管中，以 1 000 g 离心 10 min。

5. 用吸管小心吸除上层酶液，加入 10 mL 洗涤液重悬沉淀，再次离心除去酶液。重复上述操作 2～3 次，洗净酶液与细胞碎片。

6. 加入 5 mL 海水培养基将原生质体重悬，在显微镜下用血球计数板计数，计数血球计数板四角上四个大格内的细胞总数，按下式计算出每毫升悬浮液中的细胞数。

$$细胞数(个/mL) = \frac{四大格的细胞总数}{4} \times 10\,000 \times 稀释倍数$$

7. 将上述原生质体悬液离心，去掉加入的培养基，再按计数结果加入相应量的培养基，使培养基中悬浮原生质体的密度达到 10^6 个/mL。

8. 用吸管将原生质体悬液转入灭过菌的培养皿内，控制液体的厚度在 1 mm 左右，用封口膜封住培养皿，置 20 ℃恒温光照培养箱中静置培养。

9. 培养 7 d 左右，在倒置显微镜下观察原生质体再生细胞壁与细胞分裂的情况，并统计原生质体再生分裂率。

10. 培养 14 d 左右，在倒置显微镜下观察原生质体再生发育成幼叶状体和类愈伤组织的途径。

【实验结果】

1. 酶解一段时间后可见藻体表面胶质层解体，原生质体逐渐解离出来(图 34-1A)。

2. 经多次离心分离和纯化，可见到游离的圆球状原生质体(图 34-1B)。

3. 在液体培养基中培养 2～3 d 的原生质体可再生细胞壁，进而发育形成细胞团、幼叶状体等。

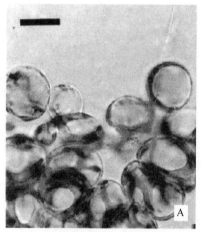 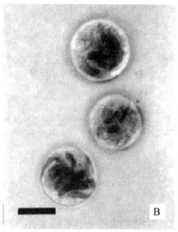

A:藻体表面胶质层解体,原生质体游离出来(Bar=20 μm);
B:游离的单个原生质体(Bar=10 μm)

图 34-1　紫菜原生质体的分离

作业与思考题

1. 观察并记录原生质体的酶解分离情况.
2. 观察并记录原生质体再生细胞壁和生长发育途径.

实验三十五　细胞计数及活力测定

体外培养细胞常常需要测定细胞的培养密度,即单位体积内的细胞数,同时还需要鉴别细胞的死活,从而了解细胞的存活情况.细胞密度测定最常用的工具是血球计数板,细胞死活测定的最简单方法是染料排斥法,常用鉴别染料为台盼蓝.

【实验目的】

练习进行细胞计数,并用细胞计数法绘制生长曲线,以了解培养细胞的生长发育特性;掌握测定细胞活力的方法.

【实验原理】

培养的细胞在一般条件下要求有一定的密度才能生长良好,所以要进行细胞计数.计数结果以每毫升细胞数表示.细胞计数的原理和方法与血细胞计数相同.

在细胞群体中,总有一些因各种原因而死亡的细胞,总细胞中活细胞所占的百分比,叫做细胞活力.由组织中分离细胞一般要检查细胞活力,以了解分离的过程对细胞是否有损伤作用;复苏后的细胞也要检查细胞活力,以了解冻存和复苏的效果.

用台盼蓝染细胞,死细胞着色,活细胞不着色,从而可以区分死细胞与活细胞;利用细胞内某些酶与特定的试剂发生显色反应,也可测定细胞相对数和相对活力.

【实验器材与试剂】

1. 器具

普通显微镜、血球计数板、试管、吸管、酶标仪(或分光光度计).

2. 材料

细胞悬液.

3. 试剂及其配制

(1) 0.4%的台盼蓝染液:台盼蓝 0.4g,加双蒸水至 100 mL.

(2) 0.5%的四甲基偶氮唑盐(MTT):MTT 0.5g,溶于 100 mL 的磷酸缓冲液或无酚红的基础液中,4 ℃下保存.

(3) 酸化异丙醇:异丙醇中加入 HCl,使最终浓度达 0.04 mol/L.

【方法与步骤】

1. 细胞计数

(1) 将血球计数板和盖玻片擦拭干净,并将盖玻片盖在计数板上.

(2) 吸出少许细胞悬液,滴加在盖玻片边缘,使悬液充满盖玻片和计数板之间.

(3) 静置 3 min.

(4) 镜下观察,计算计数板四大格细胞总数,压线细胞只计左侧和上方的.然后按下式计算:

$$细胞数/mL = (四大格细胞总数/4) \times 10\,000$$

(注意:镜下偶见由两个以上细胞组成的细胞团,应按单个细胞计算.若细胞团占 10% 以上,说明分散不好,需重新制备细胞悬液.)

2. 细胞活力的测定

(1) 取 0.5 mL 细胞悬液加入试管中.

(2) 向试管内加入 0.5 mL 0.4% 的台盼蓝染液,染色 2~3 min.

(3) 吸取少许悬液涂于载玻片上,加上盖片.

(4) 镜下任意取几个视野分别计数死细胞和活细胞,计算细胞活力.

死细胞能被台盼蓝染色,镜下可见深蓝色的细胞;而活细胞不被染色,镜下呈无色透明状.另外,活力测定可以和细胞计数合起来进行,但要考虑到染液对原细胞悬液的加倍稀释作用.

3. MTT 法测细胞相对数和相对活力

活细胞中的琥珀酸脱氢酶可使 MTT 分解产生蓝色结晶状甲䐶颗粒,积于细胞内和细胞周围.其量与细胞数成正比,也与细胞活力成正比.

(1) 对细胞悬液以 1 000 r/min 离心 10 min,弃上清液.

(2) 向沉淀中加入 0.5~1 mL MTT,吹打成悬液.

(3) 37 ℃下保温 2 h.

(4) 加入 4~5 mL 酸化异丙醇(定容),打匀.

(5) 以 1 000 r/min 离心,取上清液酶标仪或分光光度计在 570 nm 波长条件下比色,酸化异丙醇调零点.

(注意:MTT 法只能测定细胞相对数和相对活力,不能测定细胞绝对数.)

【注意事项】

1. 细胞计数时要注意以下几点:

(1) 消化单层细胞时,务求细胞分散良好,制成单个细胞悬液.否则,会影响细胞计数结果.

(2) 取样计数前,应充分混匀细胞悬液.在连续取样计数时尤应注意这一点.

否则,前后计数结果会有很大差异.

(3) 镜下计数时,遇见 2 个以上细胞组成的细胞团,应按单个细胞计数.如细胞团占 10% 以上,说明消化不充分.

(4) 细胞数少于 200 个/10 mm² 或多于 500 个/10 mm² 时,说明稀释不当,须重新制备细胞悬液.

(5) 在计数板上盖玻片的一侧加微量细胞悬液时,加液量不要溢出盖玻片,也不能过少或带气泡.

(6) 在计数过程中,对大方格的边缘压线细胞应按"数上不数下、数左不数右"的原则进行计数.

2. MTT 法的原理是测定细胞线粒体琥珀酸脱氢酶的活性,反映的是细胞代谢和增殖活力,而非绝对的细胞数量.

作业与思考题

1. 根据实验结果,画出生长曲线.
2. 试述用 MTT 法测定细胞生长曲线的过程及注意事项.
3. 细胞接种的密度与细胞生长曲线的测量结果之间有什么关系?
4. 细胞计数时,若细胞悬液逸出槽外,则要重做.为什么?

实验三十六 动物细胞原代培养与传代培养

细胞培养是指从生物体内取出组织或细胞,在体外模拟体内生理环境,在无菌、适当温度和一定营养条件下,使之生存、生长和繁殖,并维持其结构和功能的方法.由于体外培养细胞的结构和功能接近体内情况,便于使用各种技术和方法进行研究,并能在较长时间内直接观察细胞生长、发育、分化过程中的形态和功能变化,而且可同时提供大量生物学性状相似的细胞作为研究对象.细胞培养已经成为现代医学研究中的一项非常重要的技术.

【实验目的】

掌握原代细胞培养的一般方法和步骤及培养过程中的无菌操作技术,熟悉原代培养细胞的观察方法,熟练掌握细胞的传代培养方法.

【实验原理】

直接从生物体内获取组织细胞进行的首次培养,称为原代细胞培养.原代培养是建立各种细胞系的第一步,是培养工作人员应熟悉和掌握的最基本的技术.根据培养方法不同分为组织块培养法和单层细胞培养法.

细胞在培养瓶长成致密单层后,已基本上饱和,为使细胞能继续生长,同时也将细胞数量扩大,就必须进行传代(再培养).

传代培养既是一种将细胞种保存下去的方法,同时也是利用培养细胞进行各种实验的必经过程.悬浮型细胞直接分瓶就可以,而贴壁细胞须经消化后才能分瓶.

【实验用品】

1. 器具

培养瓶、青霉素瓶、小玻璃漏斗、平皿、吸管、移液管、纱布、手术器械、血球计数板、废液缸、离心机、水浴箱(37 ℃)、倒置显微镜、CO_2 培养箱、超净工作台等.

2. 材料

胎鼠或新生鼠、贴壁细胞株.

3. 试剂及其配制

1640 培养基(含 10% 的小牛血清)、0.25% 的胰蛋白酶、Hank's 液、碘酒、乙醇.

(1) Hank's 液配方:KH_2PO_4 0.06 g,NaCl 8.0 g,$NaHCO_3$ 0.35 g,KCl 0.4 g,葡

萄糖 1.0 g，$Na_2HPO_4 \cdot H_2O$ 0.06 g，酚红 0.02 g，加 H_2O 至 1 000 mL.（注：Hank's 液可以高压灭菌，在 4 ℃下保存.）

（2）消化液配方：称取 0.25 g 胰蛋白酶（活力为 1∶250），加入 100 mL 无 Ca^{2+}、Mg^{2+} 的 Hank's 液溶解，滤器过滤除菌，4 ℃下保存，用前可在 37 ℃下回温.（胰蛋白酶溶液中也可加入 EDTA，使最终浓度达 0.02%.）

【方法与步骤】

（一）原代细胞培养

1. 胰酶消化法

（1）将孕鼠或新生小鼠引颈处死，置 75%的乙醇中泡 2～3 s（时间不能过长，以免乙醇从口和肛门进入体内），再用碘酒消毒腹部，取胎鼠（或新生小鼠）置超净台内，解剖后取肝脏，置平皿中.

（2）用 Hank's 液洗涤 3 次，并剔除脂肪、结缔组织、血液等杂物.

（3）用手术剪将肝脏剪成小块（1 mm^2），再用 Hank's 液洗 3 次，转移至离心管中.

（4）视组织块量加入 5～10 倍 0.25%的胰酶液，37 ℃水浴中消化 20～40 min，每隔 5 min 振荡一次，使细胞分离.

（5）待组织变得疏松，颜色略为发白时，加入 3～5 mL 培养液（含 10%的小牛血清）以终止胰蛋白酶的消化作用（或加入胰酶抑制剂）.

（6）以 1 000 r/min 离心 10 min，弃上清液.

（7）加入 Hank's 液 5 mL，冲散细胞，再离心一次，弃上清液.

（8）加入培养液 1～2 mL（视细胞量），用血球计数板计数.

（9）将细胞调整到 5×10^5/mL 左右，转移至 25 mL 细胞培养瓶中，37 ℃下培养.

上述消化分离的方法是最基本的方法，在该方法的基础上，可进一步分离不同细胞.细胞分离的方法各实验室不同，所采用的消化酶也不相同（如胶原酶、透明质酶等）.

2. 组织块直接培养法

自上述方法第（3）步后，将组织块转移到培养瓶，贴附于瓶底面；翻转瓶底朝上，将培养液加至瓶中（培养液勿接触组织块），放入 37 ℃培养箱内静置 3～5 h；轻轻翻转培养瓶，使组织浸入培养液中（勿使组织漂起），37 ℃下继续培养.

（二）细胞传代培养

1. 将长满细胞的培养瓶中原来的培养液弃去.

2. 加入 0.5～1 mL 0.25%的胰蛋白酶溶液，使瓶底细胞都浸入溶液中.

3. 在瓶口塞好橡皮塞，放在倒置显微镜下观察细胞.随着时间的推移，原贴壁的细胞逐渐趋于圆形，在还未漂起时将胰蛋白酶弃去，加入 10 mL 培养液终止消化

(也可以用肉眼,当见到瓶底发白并出现细针孔空隙时终止消化.一般室温条件下消化时间为 1~3 min).

4. 用吸管将贴壁的细胞吹打成悬液,分到另外 2~3 瓶中,置 37 ℃下继续培养.第二天观察贴壁生长情况.

【注意事项】

1. 自取材开始,保持所有组织细胞处于无菌条件下.细胞计数可在有菌环境中进行.
2. 在超净台中,组织细胞、培养液等不能暴露过久,以免溶液蒸发.
3. 凡在超净台外操作的步骤,各器皿须用盖子或橡皮塞,以防细菌落入.
4. 操作前要洗手,进入超净工作台后手要用 75% 的乙醇或 0.2% 的新洁尔灭擦拭.试剂等瓶口也要擦拭.
5. 点燃酒精灯,操作在火焰附近进行.耐热物品要经常在火焰上烧灼.金属器械烧灼时间不能太长,以免退火;且要等冷却后才能夹取组织.吸取过营养液的用具不能再烧灼,以免烧焦形成碳膜.
6. 操作时动作要准确敏捷,但又不能太快,以防空气流动,增加污染机会.
7. 不能用手触已消毒器皿的工作部分,工作台面上的用品要布局合理.
8. 瓶子开口后要尽量保持 45°斜位.
9. 吸溶液的吸管等不能混用.
10. 传代培养时要注意严格的无菌操作,并防止细胞之间的交叉污染.
11. 酶解消化过程中要不断观察.因为消化过度会对细胞造成损害,消化不够则难于将细胞解离下来.
12. 传代后每天观察细胞生长情况,了解细胞是否健康生长.健康细胞的形态饱满,折光性好.
13. 掌握好代传代时机.健康生长的细胞生长致密,即将铺满瓶底时,即可传代.

作业与思考题

1. 记录实验过程和细胞生长情况,试述传代培养的步骤和注意事项,并指出哪些是关键步骤.
2. 培养中如何防止污染?
3. 细胞传代培养的目的是什么?
4. 判断细胞健康的标准是什么?
5. 如何估计是否传代和传代的方式?

实验三十七　植物组织培养技术

植物组织培养是指利用植物细胞具有全能性的特点,通过无菌操作分离植物的外植体(包括植物的组织、器官),经过人工培养使其产生完整植株的过程.对于观察和研究植物组织和细胞的生长、发育、分化及代谢等生命活动现象,进行遗传育种、种质保存、种质资源创新以及建立无性繁殖系、快速生产试管苗等方面具有重要的理论意义和广泛的应用.

【实验目的】

了解植物组织培养的方法、步骤及其注意事项,掌握植物组织脱分化培养与分化培养的特点,了解不同器官来源的植物外植体组织培养的效果.

【实验原理】

植物组织培养的理论依据是植物细胞具有全能性.所谓细胞全能性是指植物体任何一个细胞都携带着一套发育成完整植株的全部遗传信息,在离体培养情况下,这些信息可以表达,产生出完整植株.要使细胞所具有的全能性表达出来,除了生长以外,还要经过脱分化和再分化等过程.分化了的植物根、茎、叶细胞,通过脱分化培养可以产生愈伤组织.愈伤组织是一种能迅速增殖的无特定结构和功能的细胞团.愈伤组织经过进一步的分化培养,提供不同的营养和激素成分,又可再生出完整的小植株.植物组织培养技术不仅具有重大的理论意义,而且在生产实践中已有广泛的应用.

【实验器材与试剂】

1. 材料

盆栽长春花植株。

2. 器具

超净工作台、倒置显微镜、光照培养箱、高压灭菌锅、酒精灯、眼科剪、眼科镊、培养瓶、培养皿、纱布、微量移液器、吸管、移液管、酒精棉球、烧杯等.

3. 试剂

(1) 消毒液:70%的乙醇、0.1%的升汞、灭菌水.

(2) 培养基:按表37-1和表37-2所列配方配制 MS 或 B5 基本培养基溶液,添加3%的蔗糖和0.6%的琼脂,加 NaOH 或 HCl 调 pH 至5.8,分装至250 mL 的三角烧瓶中,每瓶100 mL,牛皮纸封口,在121 ℃、15磅压力下灭菌20 min,冷却后备用.

表 37-1　MS 基本培养基配方

	成分	质量浓度(mg/L)
大量元素	KNO_3	1 900
	KH_2PO_4	170
	$MgSO_4$	180
	$CaCl_2 \cdot 2H_2O$	330
微量元素	KI	0.83
	H_3BO_3	6.2
	$MnSO_4 \cdot 4H_2O$	22.3
	$ZnSO_4 \cdot 7H_2O$	8.6
	$Na_2MoO_4 \cdot 2H_2O$	0.25
	$CuSO_4 \cdot 5H_2O$	0.025
	$CoCl_2 \cdot 6H_2O$	0.025
铁盐	Na_2-EDTA	37.3
	$FeSO_4 \cdot 7H_2O$	27.8
有机元素	肌醇	100
	甘氨酸	2
	烟酸	0.5
	盐酸吡哆醇	0.5
	盐酸硫酸胺素	0.4

表 37-2　B5 基本培养基配方

	成分	质量浓度(mg/L)
大量元素	KNO_3	2 500
	$(NH_4)_2SO_4$	134
	$MgSO_4$	180
	$CaCl_2 \cdot 2H_2O$	150
	$NaH_2PO_4 \cdot H_2O$	150
	$MgSO_4 \cdot 7H_2O$	250
微量元素	KI	0.75
	H_3BO_3	3
	$MnSO_4 \cdot 4H_2O$	10
	$ZnSO_4 \cdot 7H_2O$	2
	$Na_2MoO_4 \cdot 2H_2O$	0.25
	$CuSO_4 \cdot 5H_2O$	0.025
	$CoCl_2 \cdot 6H_2O$	0.025
铁盐	Na-EDTA	7.45
	$FeSO_4 \cdot 7H_2O$	5.57
有机元素	肌醇	100
	烟酸	1
	盐酸吡哆醇	1
	盐酸硫酸胺素	10

【方法与步骤】

1. 取实验室盆栽长春花植株侧枝的茎、叶和花瓣,用肥皂水和自来水清洗干净,滤纸吸干水分.
2. 置于盛有 70% 乙醇的培养皿或三角瓶中消毒 3 min,无菌滤纸吸干表面液体.
3. 转入 0.1% 的升汞中,继续消毒 10 min.无菌滤纸吸干表面液体.
4. 用无菌水冲洗外植体 5~6 次,无菌滤纸吸净表面水分.
5. 用无菌剪刀将叶片、长茎或花瓣剪成小片或小段,按一定量接入 MS 或 B5 固体培养基.
6. 在 (23 ± 2) ℃、黑暗条件下或 12 h 光照(1 500lx)条件下培养.

【实验结果】

1. 长春花叶片、茎和花瓣外植体在黑暗中培养可脱分化发育形成愈伤组织(图 37-1A、B),观察和记录不同外质体形成愈伤组织的时间、形态和生长变化情况.
2. 长春花叶片、茎和花瓣外植体在光照条件下培养可分化发育形成不定芽.将不定芽分割后转接至生根培养基中培养,可诱导生根,进而发育形成完整植株(图 37-1C).

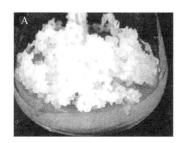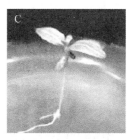

A:长春花白色愈伤组织(B_5 培养基,添加 0.1 mg/L KT,1.0 mg/L IAA);B:长春花绿色愈伤组织(B_5 培养基,添加 0.1 mg/L KT,1.0 mg/L IAA);C:由顶端分生组织发育而成的长春花植株

图 37-1 长春花组织培养的发育途径

作 业

1. 观察和记录植物组织脱分化和分化培养物的生长发育情况.
2. 比较植物不同组织来源的外植体培养的效果.

实验三十八　细胞的冻存和复苏

在培养细胞的传代及日常维持过程中,培养器具、培养液耗资大,各种准备工作量大,而且细胞一旦离开活体开始原代培养,它的生物特性都将逐渐发生变化,并随着传代次数的增加和体外环境条件的变化而发生改变.许多细胞仍为有限细胞系,体外只传到一定代数后就不可避免地发生衰老和凋亡,需要及时冻存细胞,在必要的时候再进行细胞复苏,以达到维持和保存细胞系的目的.因此,细胞的冷冻保存与复苏是细胞培养的常规工作和必须掌握的基础技术.

【实验目的】

掌握细胞冻存的方法,熟练进行细胞冻存与复苏操作.

【实验原理】

在不加任何条件下直接冻存细胞时,细胞内和外环境中的水都会形成冰晶,导致细胞内发生机械损伤、电解质浓度升高、渗透压改变、脱水、pH 改变、蛋白变性等,引起细胞死亡.若向培养液中加入保护剂,可使冰点降低.在缓慢的冻结条件下,能使细胞内水分在冻结前透出细胞;贮存在 $-130\ ℃$ 以下的低温条件下能减少冰晶的形成.

细胞复苏时速度要快,使之迅速通过细胞最易受损的 $-5\sim 0\ ℃$,细胞仍能生长,活力受损不大.

目前常用的保护剂为二甲亚砜(DMSO)和甘油,它们对细胞无毒性,分子量小,溶解度大,易穿透细胞.

【实验器材与试剂】

1. 仪器

$4\ ℃$冰箱、$-70\ ℃$冰箱、液氮罐、离心机、水浴锅、微量加样器等.

2. 材料

冻存管(塑料螺口专用冻存管或安瓿瓶)、离心管、吸管等.

3. 试剂

0.25% 的胰酶、培养基、含保护剂的培养基(即冻存液)等.

冻存液的配制:培养基加入甘油或 DMSO,使其终浓度达 5%～20%.保护剂的种类和用量视不同细胞而不同.配好后在 $4\ ℃$ 下保存.

【实验步骤】

1. 冻存

(1) 采用细胞传代培养中的酶方法消化细胞,将细胞悬液收集至离心管中.

(2) 以 1 000 r/min 离心 10 min,弃上清液.

(3) 沉淀加含保护液的培养基,计数,调整至浓度为 5×10^6/mL 左右.

(4) 将悬液分至冻存管中,每管 1 mL.

(5) 将冻存管口封严.如为安瓿瓶,则用火焰封口.封口一定要严,否则复苏时易出现爆裂.

(6) 贴上标签,写明细胞种类、冻存日期.冻存管外拴一金属重物和一细绳.

(7) 按下列顺序降温:室温→4 ℃(20 min)→冰箱冷冻室(30 min)→低温冰箱(−30 ℃ 1 h)→气态氮(30 min)→液氮.

注意:操作时应小心,以免液氮冻伤.液氮定期检查,随时补充,绝对不能挥发干净,一般 30 L 的液氮可用 1~1.5 月.

2. 复苏

(1) 从液氮中取出冻存管,迅速置于 37 ℃ 温水中并不断搅动,使冻存管中的冻存物在 1 min 之内融化.

(2) 打开冻存管,将细胞悬液吸到离心管中.

(3) 以 1 000 r/min 离心 10 min,弃去上清液.

(4) 沉淀加 10 mL 培养液,吹打均匀,再离心 10 min,弃上清液.

(5) 加适当培养基后将细胞转移至培养瓶中,37 ℃ 下培养,第二天观察生长情况.

【实验报告】

列出细胞冻存与复苏的详细过程,并注明各过程中应注意的事项.

思 考 题

1. 细胞冻存与复苏的基本原则是什么?
2. 冻存液的作用是什么?

第三篇 开放实验

实验三十九 动物细胞融合

细胞融合是指在自然条件下或利用人工(生物的、物理的、化学的)方法,使两个或两个以上的细胞合并成一个具有双核或多核细胞的过程。人工诱导细胞融合始于20世纪50年代,并迅速成为一门新兴技术。由于不仅同种细胞可以融合,种间远缘细胞也能融合,甚至动植物细胞也能合二为一,因此细胞融合技术已较为广泛地应用于细胞生物学、遗传学和医学研究等各个领域,并且取得了显著的成绩。

【实验目的】

了解聚乙二醇(PEG)诱导细胞融合的基本原理;通过PEG诱导鸡红细胞之间的融合实验,初步掌握细胞融合技术。

【实验原理】

在诱导物(如仙台病毒、聚乙二醇)作用下,相互靠近的细胞发生凝集,随后在质膜接触处发生质膜成分的一系列变化,主要是某些化学键的断裂与重排,进而细胞质沟通,形成一个大的双核或多核细胞(此时称同核体或异核体)。

【实验器材与试剂】

1. 仪器

显微镜、离心机、天平、离心管、注射器、细滴管、载玻片、盖玻片。

2. 材料

一龄公鸡静脉血。

3. 试剂及其配制

(1) Alsever溶液:取葡萄糖2.05 g、柠檬酸钠0.80 g、NaCl 0.42 g,溶于100 mL双蒸水中。

(2) GKN 溶液:取 NaCl 8 g、KCl 0.4 g、$Na_2HPO_4 \cdot 2H_2O$ 1.77 g、$NaH_2PO_4 \cdot H_2O$ 0.69 g、葡萄糖 2 g、酚红 0.01 g,溶于 1 000 mL 双蒸水中.

(3) 50% 的 PEG 溶液:称取一定量的 PEG(分子量为＝4 000),放入烧杯中,沸水浴加热,使之溶化.待冷却至 50 ℃ 时,加入等体积预热至 50 ℃ 的 GKN 溶液,混匀,置 37 ℃ 下备用.

(4) 0.85% 的生理盐水、双蒸水.

【实验步骤】

1. 从公鸡翼下静脉抽取 2 mL 鸡血,加入盛有 8 mL 的 Alsever 溶液中,使血液与 Alsever 溶液的体积比达 1∶4,混匀后可在冰箱内存放 1 周.

2. 取此贮存鸡血 1 mL 加入 4 mL 0.85% 的生理盐水,充分混匀,以 800 r/min 离心 3 min,弃去上清,重复上述条件离心两次.最后弃去上清,加 GKN 液 4 mL,离心.

3. 弃去上清,加 GKN 液,制成 10% 的细胞悬液.

4. 取上述细胞悬液以血球计数仪计数,用 GKN 液将其浓度调整为 $1×10^6$ 个/mL.

5. 取以上细胞悬液 1 mL 于离心管,放入 37 ℃ 水浴中预热.同时将 50% 的 PEG 液一并预热 20 min.

6. 20 min 后将 0.5 mL 50% 的 PEG 溶液逐滴沿离心管壁加入 1 mL 细胞悬液中,边加边摇匀,然后放入 37 ℃ 水浴中保温 20 min.

7. 20 min 后,加入 GKN 溶液至 8 mL,静止于水浴中 20 min 左右.

8. 以 800 r/min 离心 3 min,弃去上清,加 GKN 溶液再次离心.

9. 弃去上清,加入 GKN 液少许,混匀.取少量悬浮于载玻片上,加入詹纳斯绿染液,用牙签混匀.3 min 后盖上盖玻片,观察细胞融合情况.

10. 按下式计算融合率:

融合率＝(视野内发生融合的细胞核总数/视野内所有细胞核总数)×100%

【实验报告】

1. 简述动物细胞融合的基本过程.
2. 选一理想视野,根据镜下结果绘图,并根据公式计算融合率.

思 考 题

1. 进行异种细胞的融合有什么意义?

实验四十　植物体细胞杂交——原生质体融合

将两个来自不同植物的体细胞去掉细胞壁,分离出有活力的原生质体,利用诱导剂诱发两种原生质体发生膜融合,进而发生胞质融合和核融合并形成杂种细胞,这个过程称为植物体细胞杂交.将得到的杂种细胞可进一步培养诱导发育成杂种植物体.由于植物体细胞杂交技术可以克服种、属以上有性杂交不亲和性障碍,扩大了遗传物质的重组范围,在创造和培养植物新品种乃至新物种方面具有潜在应用价值.

【实验目的】

掌握植物体细胞融合的原理,以及应用聚乙二醇(PEG)促进细胞融合和计算细胞融合率的方法.

【实验原理】

细胞融合(cell fusion),即在自然条件下或用人工方法(生物的、物理的、化学的)使两个或两个以上的细胞合并形成一个细胞的过程.人工诱导的细胞融合技术是在20世纪60年代作为一门新兴技术而发展起来的.由于它不仅能产生同种细胞融合,也能产生种间细胞的融合,因此细胞融合技术目前被广泛应用于细胞生物学和医学研究的各个领域.

促进细胞融合的诱导剂种类很多.常用的有灭活的仙台病毒(Sendai virus)、PEG和电脉冲等,其中应用最广泛的是PEG,因为它易得、简便,且融合效果稳定.PEG的促融机制尚不完全清楚,它可能引起细胞膜中磷酯的酰键及极性基团发生结构重排.

植物体细胞杂交技术就是将两种异源(种、属)原生质体在诱导剂诱发下相互接触,促进两种原生质体发生膜融合,进而发生胞质融合和核融合并形成杂种细胞(图40-1).对杂种细胞进一步培养可发育成杂种植物体.体细胞融合技术可以克服植物

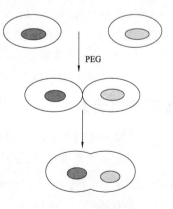

图40-1　细胞融合过程

种、属以上有性杂交不亲和性障碍,为广泛重组遗传物质开辟新途径,也为携带外源遗传物质(信息)的大分子渗入细胞创造条件,从而进一步扩大了遗传物质的重组范围.

【实验器材与试剂】

1. 材料

从紫菜、浒苔(或礁膜)叶状体中分离出的原生质体.

2. 器具

超净工作台、低速离心机、倒置显微镜、光照培养箱、高压灭菌锅、白细胞计数板、带盖离心管、细菌过滤器、300 目镍丝网、剪刀、镊子、毛细吸管、刻度吸管、培养皿、烧杯、载玻片、盖玻片等.

3. 试剂

(1) 洗涤液:添加了 50 mmol/L $CaCl_2$、50 mmol/L 氨基乙酸和 0.7 mol/L 甘露醇的海水溶液(pH 10.2),过滤除菌.

(2) PEG 促融合液:33% 的 PEG 海水溶液,其中添加了 10.5 mmol/L 的 $CaCl_2$、0.7 mmol/L 的 K_3PO_4(pH 10.2),过滤除菌.

(3) 培养基:添加了 0.7 mol/L 甘露醇和 25 mmol/L HEPS(N-2-Hydroxy-ethylperazine-N-2-ethanesulfonic acid)的 ES(enriched natural seawater)培养基(pH 7.8).

【方法与步骤】

1. 将密度为 10^6 个/mL 的两种不同来源的原生质体悬液等量混合.

2. 吸取 0.05 mL 原生质体混悬液置于玻璃培养皿中,静置 15 min,以使原生质体贴附在培养皿底.

3. 缓缓加入 0.04 mL PEG 促融合液,边加边轻轻摇动混匀.注意不要将原生质体冲起来.

4. 静置 10～15 min 后,缓缓加入 0.5 mL 的洗涤液.

5. 5 min 后,缓缓加入 10 mL 培养液稀释融合体系.将培养皿稍微倾斜,小心吸去上清液.再缓慢加入 10 mL 培养液,5 min 后倾斜培养皿,吸去上清液.如上重复洗涤 2～3 次,直至 PEG 被彻底洗净为止.

6. 最后加入 10 mL 培养液使原生质体悬浮,在显微镜下观察融合情况,计算融合率.

7. 用毛细管将融合细胞挑选出来,转入 24 孔板中,在 20 ℃光照培养箱中静置培养.

【实验结果】

1. 融合细胞的观察

在显微镜下可以看到体积较大、兼有紫色和绿色两种色素体的细胞,即为融合细胞,又称为异核体细胞.要注意辨别融合细胞与重叠的红藻和绿藻细胞(图 40-2).

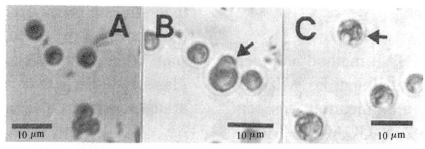

A：融合前　　　　　B：加入 PEG 后　　　　　C：洗涤后

图 40-2　紫菜原生质体(紫色)与礁膜原生质体(绿色)融合(引自 Hitoshi Kito 等,1998)

2. 融合率的计算

在高倍镜下随机计数 200 个细胞(包括融合的与未融合的细胞),以融合细胞(含两个或两个以上细胞核的细胞)的细胞核数除以总细胞核数(包括融合与未融合的细胞核)即得出融合率.计算公式如下：

$$融合率 = \frac{融合的细胞核数}{总细胞核数} \times 100\%$$

3. 融合细胞的生长和发育途径

融合细胞在相同的培养条件下可遵循不同的途径生长和发育(图 40-3).

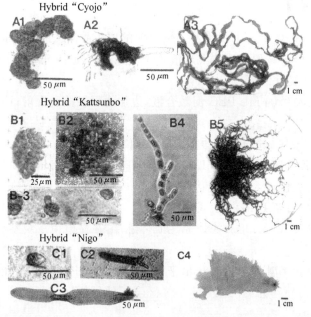

A1：培养 31 d 发育形成的多细胞团;A2：培养 110 d 多细胞团发育产生假根和芽;A3：培养 190 d 多细胞团发育形成的植株"Cyojo";B1：培养 31 d 发育形成的多细胞团;B2：培养 180 d 多细胞团解体释放出的单离细胞;B3：培养 194 d 多细胞团上的细胞发育形成芽体;B4：培养 220 d 形成的小苗;B5：培养 270 d 的植株"Kattsunbo";C1：培养 8 d 的细胞一端伸出透明的凸起 Budded cell;C2：培养 31 d 发育形成的小苗;C3：培养 50 d 发育形成的幼苗;C4：培养 120 d 的植株"Nigo"

图 40-3　紫菜与礁膜原生质体融和杂种细胞的三种发育途径

作　业

1. 观察并记录两种原生质体的粘连情况.
2. 统计异源融合频率.
3. 观察并记录异源融合细胞的早期生长发育情况.

实验四十一　细胞显微注射技术

细胞显微注射技术是指在高倍倒置显微镜下,利用显微操作仪,控制显微注射针在显微镜视野内移动,用来进行细胞或早期胚胎操作的一种方法.

【实验目的】

了解细胞显微注射的基本原理,掌握细胞显微注射基本技术.

【实验原理】

显微注射技术的原理是,利用显微操作系统将外源目的基因直接注入受精卵的原核中,使外源基因整合到受体细胞的基因组内,再通过胚胎移植技术将整合有外源基因的受精卵移植到受体动物的子宫内发育,从而获得转基因动物.它是目前基因转移效率较好的一种基因转移方法.其优点是:可直接用不含有原核载体DNA片段的外源基因进行转移;外源基因的长度不受限制,可达100 kb;实验周期相对比较短.不足之处是:需要昂贵精密的设备;显微注射操作复杂,需专门技术人员;导入外源基因整合位点和拷贝数无法控制;常导致插入位点附近宿主DNA片段缺失、重组等突变,可造成动物严重的生理缺陷.尽管如此,由于显微注射技术直接对基因进行操作,整合率较高,仍是目前建立转基因动物极为重要的方法.

显微注射技术在植物、动物的细胞发育研究中的应用,为研究体内生理和体外的生化过程架起了桥梁,将特定的分子探针及衍生的细胞间质成分导入活体细胞,为研究细胞功能的调控机制提供了新的视野.

【实验器材与试剂】

1. 器具

(1) 倒置显微镜(如 Nikon TMS 和 Diaphot 300/2、Zeiss Axiovert 100 或 135、Axioskop FS),Leitz 重型基座(用于安放显微镜和微操作仪)及荧光显微镜.

(2) 显微操作仪:Leitz(手动系统,安在平台上)或 Eppendorf 5171(自动轴向微注射系统,可固定在显微镜的载物台上).

(3) 显微注射器:Eppendorf 5242,也可选用螺旋推柄的玻璃注射器.

(4) 拉针仪:水平拉针仪 P87 型(如 Sutter Instrument Co.(Novato,USA)),或垂直拉针仪 720 型(如 David Kopf Instruments(Tujunga,California,USA)).

(5) 玻璃注射针头:可购买厂商拉制好的商品,也可用拉针仪自行拉制.

(6) 细胞培养设备:细胞培养箱、超净工作台、培养皿和盖玻片等.

2. 材料

培养细胞.

3. 试剂

PBS 溶液、乙醇、盐酸、缓冲培养基(含 25 mmol/L 的 HEPES,pH7.2)、注射缓冲液(10 mmol/L $H_2PO_4^-$ 和 HPO_4^{2-},pH7.2,84 mmol/L 的 K^+,17 mmol/L 的 Na^+,1 mmol/L 的 EDTA)

【方法与步骤】

(一) 材料准备

1. 注射针头的拉制

水平拉针仪:装上一根毛细管,拧紧左右两侧的夹子,做好固定,并使其中间部位对准加热丝.设定好电流、拉力和时间后,按"开始"键,等待毛细管被拉成两个所需的微注射针头.

垂直拉针仪:把玻璃毛细管固定在上面的夹子上,使其对准加热丝后旋紧.抬起下面的滑夹,固定在毛细管上,调整热度和螺线管范围.

使用拉针仪自行拉制的微注射针头,最好使用硼硅酸盐玻璃的毛细管.可以采用硅烷对注射针头进行处理,以防样品和培养基成分与玻璃的亲水表面相互作用,引起针尖阻塞而影响注射.

2. 盖玻片的处理

(1) 把盖玻片放在陶瓷或金属架上,相互不要接触.

(2) 在装有自来水的烧杯中快速浸泡和冲洗.

(3) 在纸巾上把架子控干,再放入盛有 0.1 mol/L 的 HCl 的烧杯中,温育过夜.

(4) 用自来水冲洗盖玻片,每次 10 min,共 5 次.

(5) 把架子浸入 70% 的乙醇中,温育 60 min.

(6) 用去离子水短暂冲洗,放在纸巾上控干.

(7) 在室温下自然干燥 30 min.

(8) 在 220~250 ℃下烤 6 h.

3. 显微注射用细胞的准备

(1) 在注射前一天,把细胞铺在直径为 10~15 mm 的盖玻片上,每个盖玻片 250~1 000 个细胞.

(2) 在注射前,把带有需要注射细胞的盖玻片转移至新的组织培养皿中,迅速用金刚石笔在盖玻片上划一个"十"字或一个圆圈标记(金刚石笔使用前用 70% 的乙醇冲洗,并在超净台中用火焰烧一下),然后加入 3 mL 有缓冲液的培养基.

(二) 显微注射操作过程

1. 针头装液

(1) 使用无菌的微量加样器从微注射针头的后部加入 0.5～1 μL 的注射样品.

(2) 使用玻璃毛细管拉出毛细管针头,里面有与毛细管平行的细丝,有利于液体从后部向针头方向运动. 只需在针头后部浸入 1 mm 深度,不需使用手指或其他东西接触,就足以使少量的样品到达针尖部.

2. 针头定位

(1) 将装液后的针头的游离端安在连接器上,然后旋紧连接器以固定针头,再将其固定到微操作仪的托针管上.

(2) 把载有待注射细胞的盖玻片转移到里面有缓冲培养基的平皿中,将其放在中央.

(3) 将培养皿放在显微镜载物台上,尽量将盖玻片上所画圆圈中的一个对准光照的中心区,这时光的亮度最好.

(4) 用低倍物镜对准细胞调焦.

(5) 将针头推入视野中心,在视野中针头呈阴影状.

(6) 轻轻地落下针头,直至到达培养基中后停下.

(7) 通过显微镜观察,移动针头,必要时调整微操作仪,直到针头的阴影在视野的上方. 然后确定针头的位置,使其大约处在视野中心.

(8) 轻轻下调针头,直到针头变得清晰一些.

(9) 调节为工作放大倍数,调准细胞焦距,找到针尖.

(10) 如果找不到,重新使用低倍镜,尽量将针头调至视野中心,重复上述步骤.

(11) 小心下调针尖,直至其完全聚焦.

3. 显微注射操作

(1) 手动细胞核内注射

① 使用最低放大倍数(50×),把焦距对准位于盖玻片上注射标记区域的细胞平面上. 用肉眼将注射针头对准照度最亮处的中心,降下针头,直到进入培养基. 把针头调至视野中心,轻轻放下针头,直到看清楚为止. 然后将放大倍数调至工作倍数,即 320×,对准细胞表面调焦. 将针头调整到中心,下降针头,对准焦距. 移动显微镜载物台,使针尖对准细胞核或核周的胞质.

② 小心落下针尖,使其进入细胞核或核周的胞质.

③ 使用注射器施加注射压.

④ 轻轻上提针头,直到离开细胞.

⑤ 移动显微镜载物台,找到下一个细胞,重复步骤②～④.

(2) 自动细胞核内注射和细胞质内注射

① 按上述手动系统的方法将针头调整至视野中心.不同的是,通过控制面板自动控制微操作部分.

② 工作放大倍数设为320×,下降针头,使之触及细胞核或核周间隙上方的细胞表面,直到细胞表面见到一个轻微的压迹.

③ 通过控制部分,设定细胞核内或细胞质内注射的定位参数.

④ 将针头略提起,离开细胞表面几微米,选择一个新细胞,按下操纵杆上方的按钮进行微注射.针头首先在水平面上做逆向轨迹运动,然后朝向细胞做迅速的轴向运动,正好刺入细胞内预先设定好的坐标位置(这时微操作仪的控制部分、激活注射压力、持续时间已经预先设定好),针头回到原来的位置.

⑤ 在必要的情况下,可以在控制面板上修正各种参数,因为盖玻片和平皿的表面不十分平整,所以当从盖玻片的一个地方移到另一个地方进行注射时,一定要重新调整细胞核内或细胞质的坐标.

(三) 应用荧光标记物分析已注射的细胞

荧光标记物,如FITC-葡聚糖等常用做注射标记物,以分辨出已经注射的细胞.当其质量浓度为0.25%~1%时,毒性很小,而且在细胞增殖2~4 d后仍可见.

(1) 在PBS中轻轻冲洗注射过的细胞两次.

(2) 用甲醇快速(2 min)固定.

(3) 用去离子水快速冲洗盖玻片.

(4) 滴一滴防荧光淬灭剂(DABCO),将盖玻片装到载玻片上.

(5) 荧光显微镜下镜检观察.

【注意事项】

1. 在整个过程中,注射针尖应远离人员和实验室中的仪器.注射针在持针器上安装不牢时,注射器、管子及注射针内的压力可能将注射针射出.

2. 在反向充填液体时,适当地在显微镜下观察注射针尖,以决定在加压时是否注射针阻塞或偏斜.阻塞通常可通过将针尖轻轻敲击一个固定物而得以缓解.针尖偏斜的注射针是适合于显微注射的,但使用时应作细微调整.

3. 注射速度过快会扰乱细胞质成分,造成细胞裂解或细胞从底层移位.

4. 如果对已经注射的细胞进行免疫荧光测定或其他处理,最好使用可固定的葡聚糖,以防标记物在冲洗过程中扩散损失.

作业与思考题

1. 简述细胞显微注射过程的注意事项.

2. 如何估计显微注射后活细胞的比例?

实验四十二　免疫荧光抗体法检查细胞表面抗原

免疫荧光技术是将抗原抗体反应的特异性和敏感性与显微示踪的精确性相结合,以荧光素及其衍生物作为标记物,与已知的抗体(或抗原,但较少用)结合,但不影响其免疫学特性,然后将荧光素标记的抗体作为标准试剂,用于检测和鉴定未知抗原的一项技术.在荧光显微镜下,可以直接观察呈特异荧光的抗原抗体复合物及其存在部位.

【实验目的】

了解特异性免疫荧光抗体反应的一般过程及其在细胞学研究中的应用.

【实验器材与试剂】

1. 材料和标本

人体结肠癌培养细胞、HeLa 细胞、小鼠抗人结肠癌细胞抗体(第一抗体)、荧光标记羊抗鼠抗体(第二抗体).

2. 器具

盖玻片、载玻片、培养瓶、培养皿、滤纸、镊子、吸管、普通倒置显微镜、荧光显微镜、微量加样器.

3. 试剂

1640 培养液(加 10% 的小牛血清)、甲醛固定液、0.01 mol/L 的 PBS(pH7.2)、液体石蜡.

【实验原理】

用人结肠癌细胞作为免疫原,免疫小鼠,制得鼠抗人结肠癌细胞表面抗原(Ag)的单克隆抗体 IgG(第一抗体),二者可以发生特异性抗原抗体反应,形成抗原抗体复合物.再加入市售(也可自制)的荧光标记的羊抗鼠 IgG 抗体(第二抗体),可以与复合物进一步发生抗原抗体反应(二次抗体反应).这样就可以

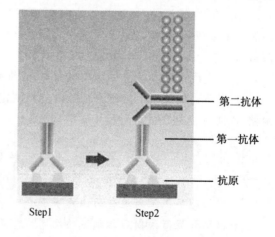

图 42-1　特异性一次、二次抗原抗体反应过程

在荧光显微镜下观察到这种抗原在结肠癌细胞表面的存在(图 42-1).

【方法与步骤】

1. 将培养瓶中的结肠癌细胞接种到装有盖玻片的培养皿中,培养 2～3 d.

2. 在倒置镜下观察到盖玻片上的细胞生长状态良好后,在盖玻片左上角用玻璃笔做一下标记,以免在以后的操作中正反面颠倒.

3. 将盖玻片放在甲醛固定液中,4 ℃下固定 5～10 min.

4. 用 PBS 洗 3 次. 注意不要将 PBS 液直接倒在盖玻片的细胞面,以免引起细胞大量丢失. 用滤纸片将盖玻片上的 PBS 轻轻吸干,不要损伤细胞层.

5. 将已稀释好的小鼠抗体滴在盖玻片上,每张盖玻片 50 μL,37 ℃下温育 30 min.

6. 用 PBS 洗 3 次,滤纸吸干.

7. 将已稀释好的荧光标记羊抗鼠二次抗体 5 μL 滴加在盖玻片上,37 ℃下温育 30 min.

8. 用 PBS 洗 3 次,滤纸吸干.

9. 往载玻片上滴一滴液体石蜡,然后将盖玻片细胞面朝下放在载玻片上,在荧光显微镜下观察.

【实验结果】

细胞多成团块状存在,细胞膜表面显示黄绿色荧光,细胞内及背景均不发光. 每组应设立一个阴性对照组,以培养的 HeLa 细胞作为抗原,操作步骤相同.

作业与思考题

1. 三次用 PBS 清洗的目的各是什么?

2. 为排除荧光标记的羊抗鼠抗体直接与人结肠癌细胞表面某种抗原发生反应的可能性,你认为还应设立什么样的对照组?

实验四十三　正常细胞与肿瘤细胞常规核型的标本制备

核型(karyotype)又称染色体组型,是细胞内染色体在有丝分裂中期的表型,包括染色体数目、大小、形态特征等.核型分析是指在对染色体测量计算的基础上对细胞有丝分裂中期染色体进行分组、配对、排队并进行形态分析.肿瘤细胞经常出现包括染色体的结构和数目异常现象,因此染色体核型分析可以用于肿瘤细胞的临床诊断.

【实验目的】

掌握微量全血培养及正常细胞和肿瘤细胞常规核型的标本制备技术,了解正常及肿瘤细胞核型的一般特征.

【实验原理】

人体外周血中淋巴细胞是成熟的免疫细胞,正常情况下处于 G_0 期,不再增殖. PHA(phytohemagglutinin,植物血凝素)是人和其他动物淋巴细胞的有丝分裂刺激剂,它能使处于 G_0 期的淋巴细胞转化为淋巴母细胞,进入细胞周期开始旺盛的有丝分裂.

人体微量全血培养是一种简单的淋巴细胞培养方法.此法采血量少、操作简便,在 PHA 作用下进行短期培养即可获丰富的、有丝分裂活跃的淋巴母细胞,适于制备核型标本.各种因素的效应(如病毒、电离辐射、化学药剂等)也可在淋巴细胞的培养条件下进行观察,从而进行多种在体内无法进行的研究.因此,人体微量全血培养是细胞生物学及其他学科研究中的一种有效方法.

淋巴细胞核型标本制备方法是:在淋巴母细胞分裂高峰时加入秋水仙素,以破坏细胞纺锤体的形成,使细胞停止在分裂中期;然后收集细胞,低渗处理,使细胞胀大,染色体伸展;接着进行固定并除去中期分裂相中残存的蛋白质,使染色体清晰且分散良好;再结合离心技术去掉红细胞碎片,采用空气干燥法制片获得中期染色体标本.

利用肿瘤细胞无限繁殖的特点,掌握其体外生长动态,取处于对数生长期的细胞便可获得丰富的分裂相.肿瘤细胞染色体异常包括以下两个方面:

(1) 结构异常:即肿瘤细胞常出现的染色体畸变,包括双着丝点染色体、环状染色体、断裂的染色体、染色体裂隙及微小体等.

(2) 数目异常:由于肿瘤细胞分裂失去应有的调控,可出现亚二倍体、超二倍体和多倍体等染色体数目异常的现象.

肿瘤细胞染色体制备技术在细胞生物学、医学遗传学的基础研究和临床诊断、预后观察等方面均有广泛用途.

【实验器材与试剂】

1. 材料和标本

健康人的外周血、培养的 HeLa 细胞和 HL-60 细胞.

2. 器具

超净台、煤气灯、乳胶管、火柴、镊子、废液缸、离心机、水浴箱、定时钟、天平、离心管(10 mL)、乳头吸管、显微镜、载玻片、平皿等. 无菌器材有培养瓶、培养皿、注射器(5 mL、1 mL)、注射针头、刻度移液管(5 mL、2 mL、1 mL)、吸管等.

3. 试剂

1640 培养液、500 单位/mL 的肝素溶液、10 μg/mL 的秋水仙素溶液、0.25% 的胰蛋白酶-0.02% 的 EDTA 混合消化液、0.5 mg/mL 的 PHA 溶液、0.075 mol/L 的 KCl 溶液、甲醇、冰醋酸、Giemsa 原液、磷酸缓冲液(pH6.8)、生理盐水等.

【方法与步骤】

1. 微量全血培养

(1) 打开超净台紫外灯 20~30 min. 洗手、换洁净白大衣后进入操作室. 启动超净台,点燃煤气灯. 用 75% 的乙醇棉球擦洗手、各种试剂瓶及操作台面,然后将培养液及肝素、秋水仙素、PHA 等所需溶液移入超净台.

(2) 在超净台内将每个培养瓶装入 5 mL 培养液及 0.2 mL PHA 溶液,封好备用.

(3) 用 5 mL 注射器(7 号针头)先吸取少许肝素湿润针筒,然后从肘静脉抽血 1~2 mL,给每个培养瓶接种全血 0.2 mL 左右,轻轻摇动使血和培养液混匀.

(4) 在培养瓶上标记好供血者姓名、性别、采血日期等,放入培养箱中 37 ℃ 下培养. 每天轻轻振荡培养瓶两三次,以防止血细胞沉积并保证血细胞与培养液充分接触,促进细胞生长繁殖.

2. 人淋巴细胞染色体标本的制备

(1) 微量全血细胞培养至 68 h 左右,用 1 mL 注射器(5 号针头)向每个 5 mL 培养瓶内加 2 滴秋水仙素溶液,摇匀后继续培养 3 h,此项操作不需要严格无菌.

(2) 按时终止培养,用吸管温和吹打成细胞悬液后,移至 10 mL 的离心管中. 用天平平衡后以 1 000 r/min 离心 8 min,弃大部上清,剩 0.5 mL. 再次吹打成细胞悬液,加入预热 37 ℃ 的 0.075 mol/L 的 KCl 溶液 9 mL,置 37 ℃ 水浴中低渗处理 30 min(这期间配制 3∶1 甲醇-冰醋酸固定液).

(3) 向离心管中加入 1 mL 固定液预固定. 平衡后以 1 000 r/min 离心 8 min,同样剩 0.5 mL 上清.

(4) 轻轻将细胞吹成悬液,加 5~6 mL 固定液,室温下固定 30 min. 然后离心,弃上清,重复固定一次.再离心,留 0.1~0.2 mL 上清,吹打成细胞悬液.

(5) 吸取 1~2 滴悬液,在距载玻片约 15 cm 高处滴于预冷的洁净载玻片上,迅速对准细胞吹气促进染色体分散.斜放载玻片,在空气中晾干(此期间配制 Giemsa 染液,Giemsa 原液和磷酸缓冲液的体积比为 1∶10).

(6) 将标本面朝下放在染色槽中,加入染液染 10 min,自来水冲洗,晾干后观察.

结果:低倍镜下,制片质量较好的标本上可看到有较多的分裂相,染色体之间分散良好,互不重叠.油镜下可见每一条染色体都含有两条染色单体,两条单体由着丝粒相联结.分区计数染色体数目并判定性别,或拍照后进行核型分析.

3. 肿瘤细胞染色体标本的制备

(1) 以 1.6×10^5 个/mL 的细胞浓度将 FL-60 细胞接种于培养瓶内,48 h 后以终浓度为 0.04 μg/mL 的秋水仙素处理 2.5 h,移入 10 mL 的离心管内.其余步骤与淋巴细胞染色体制备相同.

(2) 将长成单层的 HeLa 细胞按 1∶2 传代进行培养,36 h 后用终浓度为 0.04 μg/mL 的秋水仙素处理 3 h.按时终止培养,用 0.25% 的胰蛋白酶-0.02%EDTA 混合消化液处理单层细胞,待细胞收缩变圆时,弃去消化液.加入少许低渗液将细胞从瓶壁洗脱,移入 10 mL 的离心管内,加入预热 37 ℃ 的低渗液至 5~6 mL,在 37 ℃下处理 25 min.以下步骤同淋巴细胞染色体核型制备.

结果:计数 HeLa 细胞和 HL-60 细胞的染色体数并寻找是否有畸变的染色体.

附:人体染色体常规核型的分析

(一) 人体染色体的观察

取制备较好的染色体玻片标本,先在低倍镜下观察.在标本中选择一个染色体之间分散较好、互不重叠的中期分裂相,置于视野中央,然后换油镜仔细观察.镜下可见每条染色体都含有两条染色单体,两单体连接处为着丝粒.计数时要把分散的染色体划分为几个区域,以免计数重复或遗漏,然后计数并判定性别.

(二) 核型分析方法

人体染色体常规核型的分析,在今天的染色体研究水平上作为染色体结构异常的疾病诊断已经失去意义,但对染色体数目异常仍具有诊断上的价值,尤其是起着分析其他几种显带核型的桥梁作用.通过常规核型的分析必须掌握以下三点:(1) 会分组;(2) 了解各组染色体的基本形态特征;(3) 会计数和鉴定性别.

人体染色体的常规核型是指按照 Denver 会议(1960 年)提出的染色体命名和分类标准,将人类体细胞的 46 条染色体按大小、着丝点的位置分成七组(A、B、C、D、E、F、G)23 对的排列.

七组染色体的基本形态特征(表43-1、图43-1)及分析顺序如下:

A组是七组染色体中最大的一组,首先找出它.A组包括三对,即第1～3号6条染色体.第1号最大,是中央着丝粒,长臂近侧有次缢痕;第2号其次,着丝点略偏离中央;第3号为第三大,是中央着丝粒.

接着确定B组:B组两对即第4、5号,共4条染色体,较大,均为亚中着丝粒,两者不易区分开.

第三确定D组和G组:D组三对即第13～15号,共6条染色体,中等大小,均为近端着丝粒,短臂末端有随体.G组两对即第21、22号,共4条染色体,是最小的一组,均为近端着丝粒,短臂末端有随体,长臂常呈分叉状,第21号稍小于第22号.Y染色体隶属于该组,短臂无随体,一般较第21、22号大点.

第四确定F组:F组两对即第19～20号,共4条染色体,染色体比G组稍大,均为中央着丝粒.

表43-1　人体染色体分组形态特征

分组	染色体号	形态大小	着丝粒位置	随体
A	1～3	最大	1、3中着丝粒,2近中着丝粒	无
B	4～5	次大	亚中着丝粒	无
C	6～12+X	第三	中等亚中着丝粒	无
D	13～15	中等	近端着丝粒	有
E	16～18	较小	16中着丝粒,17、18亚中着丝粒	无
F	19～20	次小	中着丝粒	无
G	21～22+Y	最小(Y有变异)	近端着丝粒	无(Y有)

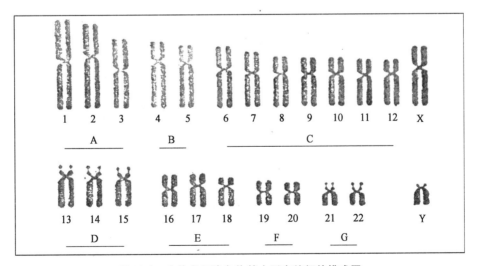

图43-1　人体各组染色体基本形态特征的模式图

第五确定 E 组：E 组三对即第 16～18 号，共 6 条染色体，较小，第 16 号是中央着丝粒，第 17、18 号是亚中着丝粒．

最后确定 C 组：C 组七对即第 6～12 号，共 14 条染色体，按大小顺序依次排列，均是亚中着丝粒；X 染色体隶属于该组，大小居第 6～7 号之间，是亚中着丝粒．

上述人体染色体常规核型中，第 1～22 号为常染色体，男女共有；另一对为性染色体，决定性别，男性为 XY，女性为 XX．人的正常核型写法是：男 46，XY；女 46，XX．

作业与思考题

1. 计数 HeLa 和 HL-60 细胞的染色体数，它们各属哪种数目异常？
2. 分析制备好的正常人外周血淋巴细胞染色体，判断其性别．
3. 要想制备出好的染色体标本，应该注意哪些环节？谈谈自己实验成功或失败的体会．

实验四十四　间充质干细胞的培养及鉴定

间充质干细胞是属于中胚层的一类多能干细胞,主要存在于结缔组织和器官间质中,广泛分布于胎儿和成体的骨髓、骨膜、松质骨、脂肪、滑膜、骨骼肌、胎肝、乳牙、脐带、脐血中,而以骨髓组织中含量最为丰富.它在特定的体内外环境下,能够诱导分化成为多种组织细胞,在细胞治疗、组织工程以及基因工程领域有广泛的应用.作为"种子"细胞,间充质干细胞可以修复、重建受伤或病变的多种组织器官,可用于神经系统疾病(脊髓损伤引起的瘫痪、老年痴呆、帕金森综合征),肌腱损伤,心肌损伤,缺血性心、脑、周围血管病,角膜损伤,烧伤烫伤,肿瘤等多种疾病的治疗,因此具有重要的研究价值和意义.

【实验目的】

掌握大鼠骨髓间充质干细胞原代培养的方法,熟练掌握间充质干细胞的传代、冻存和复苏的操作过程,掌握间充质干细胞表面抗原的鉴定方法.

【实验原理】

间充质干细胞(MSCs)最早发现于骨髓中,具有高度增殖和自我更新能力,但骨髓中 MSCs 的含量很低,约为 0.01%.有效地体外分离、培养扩增 MSCs 是进行基础研究和临床应用的前提.分离间充质干细胞的方法主要有以下三种:① 全骨髓贴壁培养法;② 密度梯度离心法;③ 根据间充质干细胞的表面标志,利用流式细胞仪进行分选.常用的是前两种方法.本实验所用的是密度梯度离心法,即利用 Percoll 将大部分造血细胞和单个核细胞分离,经过体外贴壁培养换液去除悬浮生长的造血干细胞,分离获得 MSC 的纯度达到 90% 左右.

间充质干细胞没有特异性表面抗原.研究发现,间充质干细胞不表达 CD34、CD45,而只表达 CD29、CD44、CD71、CD90 等基质细胞和间质细胞的特异性表面标志抗原.本实验选择了 CD29、CD44、CD90、CD71、CD106 和 CD45 进行检测.

间充质干细胞连续传代培养和冷冻保存后仍具有多向分化能力,而且可保持正常的核型和端粒酶活性,但并不能自发分化,在体外特定条件下可分化为成骨细胞、软骨细胞、脂肪细胞等多种中胚层来源的细胞,还可跨胚层分化为神经元细胞、胰岛细胞等.

【实验器材与试剂】

1. 仪器

细胞培养箱、微量移液器、倒置相差显微镜、细胞培养皿、荧光显微镜、电子天平、pH 计、离心机、超净工作台、电热恒温鼓风干燥箱、电热恒温水槽、超声波清洗机、立式压力蒸汽灭菌器.

2. 材料

100~150 g 的 SD 大鼠.

3. 试剂

乙醚、75% 的乙醇、L-DMEM 低糖培养基、胎牛血清、小牛血清、Percoll 细胞分离液、1.5 mol/L 的 NaCl 溶液、无菌水、0.25% 的胰酶、FITC 标记的羊抗鼠 CD29 抗体、FITC 标记的羊抗鼠 CD90 抗体、FITC 标记的羊抗鼠 CD71 抗体、PE 标记的羊抗鼠 CD106 抗体、FITC 标记的羊抗 CD45 抗体、β-甘油磷酸钠、地塞米松、维生素 C、Hoechst33258、油红 O、20 g/L 的硝酸钴溶液、20 g/L 的硫化铵、50% 的甘油、多聚赖氨酸(PLL).

【方法与步骤】

1. 取体质量 100~150 g 的 SD 大鼠,乙醚麻醉,颈椎脱臼处死,75% 的乙醇浸泡消毒 5 min.

2. 将大鼠腹部朝上,四肢用注射器针头固定于泡沫板,呈"大"字形,用剪刀、镊子将两后肢皮肤剪开,换另一套剪刀、镊子分离肌肉、肌腱,将股骨、胫骨剥离出来,放入装有 75% 乙醇的烧杯中,移入超净台.

3. 将胫骨、股骨取出放入培养皿中加入 10 mL PBS 缓冲液,用洁净的剪刀、镊子进一步剥离骨头上的肌肉、肌腱组织.

4. 将剥离干净的骨头用少量 PBS 冲洗后,放入另一培养皿,加入 12 mL DMEM 完全培养基,在培养基中剪断骨干两端,用 2 mL 的注射器吸取培养基插入一头断端将骨髓从另一头冲出,反复吹打使骨髓分散,制成均匀的细胞悬液.

5. 另取一洁净的离心管 A,加入 10 mL Percoll 分离液.将吹打均匀的骨髓细胞悬液沿倾斜 30°缓缓加入,切记不能冲破 Percoll 分离液面,用 8 mL DMEM 完全培养基冲洗培养皿.后用同样的方法将其加入离心管 A.

6. 以 2 500~3 000 r/min 的转速离心 30 min 后,可见离心管 A 中液体基本分三层.用吸管吸去上层红色培养基层,将吸管伸至中间白色絮状层将其缓慢吸出,移至另一洁净的离心管 B.切记吸取时不可用力过猛而将沉于管底的红细胞吸上来.

7. 将 20 mL PBS 加入离心管 B,反复吹打混匀,以 1 800 r/min 离心 10 min.

8. 弃上清,重复步骤 7.

9. 弃上清,加入 5 mL 完全培养基,吹打混匀,接种于培养瓶中.

【注意事项】

1. 所用器械要保证无菌,操作过程也应在无菌条件下进行.
2. 剥离大鼠胫骨、股骨上的肌肉时要迅速.
3. 在剪开骨端之前,要小心操作,以免造成骨过早断裂而使得骨髓细胞大量流失.
4. 操作过程最好在冰上进行,以保证细胞的活性.
5. 加细胞悬液到 Percoll 分离液时切记不能冲破 Percoll 分离液面;离心结束后,吸取中间的白膜层要小心,吸取时不可用力过猛而将沉于管底的红细胞吸上来.
6. 原代 MSC 不易贴壁,所以接种后的前两天最好不要用力摇晃细胞瓶.

【实验结果与分析】

每天注意观察培养的原代细胞的形态,并拍照记录(图 44-1).

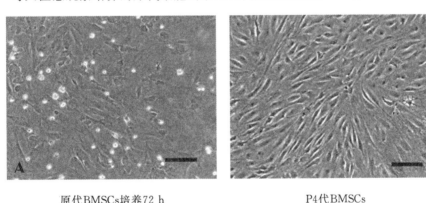
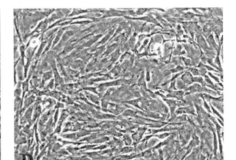

图 44-1　骨髓间充质干细胞传代培养形态变化(scale bar＝100 μm)

思 考 题

1. 密度梯度离心法的原理是什么?
2. 试述间充质干细胞的原代培养过程,在培养过程中有哪些方面需要注意?

实验四十五 染色体的荧光原位杂交

原位杂交可以用来检测生物样品中具有某种特异序列的核酸(DNA 或 RNA)的存在和分布情况,因而能够显示特定基因位置及其转录产物如 mRNA、非编码 mRNA 等的时空表达图式,因此成为发育遗传研究的一项重要技术.

【实验目的】

了解原位杂交(in situ hybridization,ISH)的原理及其在生物学研究中的应用,掌握利用果蝇的唾腺染色体制片进行荧光原位杂交技术,学习在染色体水平上的基因或遗传标记的定位技术.

【实验原理】

原位杂交技术主要包括分子杂交和信号检测两个部分.利用核苷酸之间能够进行特异性碱基互补配对的性质,针对被检测的基因合成与之序列同源或互补的、带有某种可检测/可识别标记的核酸链(DNA 或反义 RNA),以此作为探针(probe),与被检测的样品在合适的杂交条件下共同孵育,使探针与被检测的基因或其转录产物(RNA)在样品原位(in situ)特异结合形成稳定的杂交双链.探针的标记大致分为放射性同位素标记(radioisotope labeling)或非放射性标记(non-radioactive labeling).非放射性标记物包括地高辛(digoxigenin,DIG)或生物素(biotin)和荧光染料(fluorochrome)或胶体金(colloid gold)颗粒.地高辛又称异羟基洋地黄毒甙配基,是来源于毛地黄(*Digitalis*,又称洋地黄)的一种类固醇.地高辛配基标记在尿嘧啶核苷三磷酸(UTP)上,形成 DIG-11-UTP,作为 UTP 的类似物参与核酸分子的合成,是目前最受欢迎的一种标记物.常用的探针类型为 cRNA(complementary RNA),为反义 RNA 链,称为 RNA 探针(riboprobe).RNA 探针往往通过体外转录的方法合成.一般来说,RNA-RNA 双链较 DNA-RNA 杂交双链或双链 DNA 的稳定性高,同时 RNA 探针是一种单链探针(DNA 探针往往是双链),因此 RNA 探针较 DNA 探针的灵敏度高.地高辛标记的 RNA 探针由于安全、稳定性好、分辨率和灵敏度高(与放射性同位素标记的探针可比)而得到愈来愈普遍的应用.

杂交信号的检测手段根据探针标记的方法相应地分为放射自显影(用于放射性同位素的检测)与非放射性检测方法.非放射性检测手段包括直接观察和间接检测两种方法.荧光素或胶体金颗粒标记可以直接显示杂交信号,后者需要借助于电子显微镜.间接检测中常用的是免疫酶学检测法和免疫荧光检测法.其原理是用偶联酶或荧光素的抗体特异识别并结合探针上所带的标记,再分别用显色底物使杂交部位显现可识别的颜色或激发荧光,以达到检测目的.荧光标记也可以用免疫酶学的方法间接检测,只是需要用与酶偶联的抗荧光素的抗体作为中间步骤.用这种方法可以使杂交信号得到放大,提高检测灵敏度.免疫酶学的方法主要是利用酶与底物的显色反应.目前常用的酶有两种.一种是辣根过氧化物酶(horseradish peroxidase,HRP),以四氢氯化二氨基联苯胺(DAB)/H_2O_2为底物,染色结果为棕色;或以 4-氯-1-萘酚/ H_2O_2为底物,染色结果为蓝色.另一种是碱性磷酸酶(alkaline phosphatase,AP 或 AKP),以 BCIP/NBT(BCIP:5-溴-4-氯-3-吲哚磷酸盐,又称 X-磷酸盐;NBT:硝基四氮唑蓝)为底物,反应结果是形成蓝紫色沉淀.

原位杂交既可以用体外培养的细胞或斑马鱼(图 45-1)、果蝇的整体胚胎为材料,也可以在制备组织切片后进行,还可用于整装制备的染色体制片.

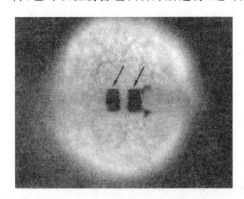 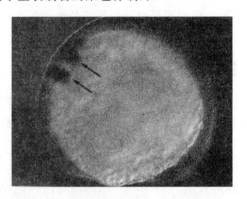

A:背面图　　　　　　　　　　　　　B:侧面图(胚胎的头部在左侧)
图 45-1 *krox*-20 基因在 14 h 斑马鱼胚胎中的表达(引自北京大学斑马鱼实验室)

荧光原位杂交(fluorescence in situ hybridization,FISH)特指利用非放射性半抗原如生物素、地高辛等标记探针序列,这种探针与特异的 RNA 或 DNA 序列结合后,再用有荧光标记的抗体特异地识别生物素或地高辛,使信号放大,可在荧光显微镜下观察带荧光的特异 DNA 或 RNA 的分布(图 45-2).

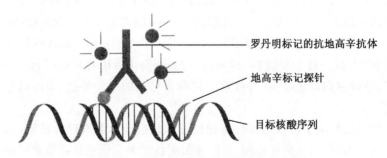

图 45-2 荧光原位杂交原理示意图(FISH)

地高辛标记的探针与目的序列杂交,荧光标记的地高辛抗体可以与地高辛特异性地结合,通过荧光显色确定目标序列的位置.

由于荧光原位杂交技术具有稳定性好、操作安全、实验周期短等优点,逐渐成为研究基因组学和分子细胞遗传学的首选方法.在基因定位、染色体结构分析、疾病诊断等方面都有广泛的应用.

果蝇唾液腺染色体是多线染色体,也就是说对于染色体上的任何基因座位来讲,都有数个拷贝,因此通过探针杂交可以得到清晰的杂交信号(图 45-3),显示特异基因的位置,是基因定位的有效手段.本实验将以乙醇脱氢酶基因(Adh)为探针,对已经制备的唾液腺染色体制片进行荧光原位杂交.

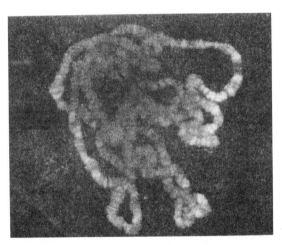

图 45-3 果蝇唾液腺染色体的荧光原位杂交(FISH)(引自昆明动物研究所,王文)

【实验器材与试剂】

1. 器具

荧光显微镜、恒温水浴箱、载玻片、盖玻片、烧杯和湿盒等.

2. 材料

黑腹果蝇唾液腺染色体制片、地高辛标记的果蝇乙醇脱氢酶基因(Adh)的 DNA 探针.

3. 试剂

(1) 20×SSC(175.3 g NaCl,88.2 g 柠檬酸钠,加水至 800 mL,用 1 mol/L 的 NaOH 调 pH 到 7.0,加水至 1 000 mL,用时稀释成 2×SSC).

(2) 70%的乙醇、95%的乙醇,NaOH(0.07 mol/L,用时现配).

(3) 杂交液(50%的甲酰胺,4×SSC,10%的葡聚糖,200 μL/mL 的鲑鱼精 DNA).

(4) 罗丹明(Rhodamine)标记的抗地高辛抗体.

(5) 磷酸缓冲液 PBS(137 mmol/L 的 NaCl,2.7 mmol/L 的 KCl,8 mmol/L

的 Na_2HPO_4，2 mmol/L 的 KH_2PO_4，调 pH 至 7.3）。

(6) PBT 溶液（PBS 中加 Tween-20 至 0.1％）。

(7) 封片液（0.15 mol/L 的 NaCl，0.09 mol/L 的 Na_2HPO_4，0.01 mol/L 的 KH_2PO_4，苯二胺 1 mg/mL，50％的甘油）：用时取出 1 mL 加入 0.5 μg/mL 的 DAPI。

【实验步骤】

1. 将果蝇未经染色的唾液腺染色体制片标本在实验前用液氮冷冻，取出后揭去盖玻片。

2. 将制片置于 70 ℃，2×SSC 中水浴 30 min。

3. 室温下将制片浸泡于另一个装有 2×SSC 溶液中 10 min。

4. 将制片转移到现配的 0.07 mol/L 的 NaOH 溶液中 2 min。

5. 将制片浸泡于 2×SSC 溶液中室温下放置 5 min。

6. 放入 70％的乙醇中脱水 2 次，10 min/次 → 95％的乙醇脱水 5 min → 空气自然干燥。

7. 将 4~5 μL 的探针与 10 μL 的杂交液混合，80 ℃变性 7 min → 立即转移到冰上冷却 2 min 以上。

8. 滴 10 μL 混合溶液覆盖样品 → 盖上盖玻片（18 mm^2）→ 37 ℃湿盒中 12~16 h。

9. 将样品浸入 2×SSC 溶液中去除盖玻片 → 洗涤 3 次（10 min/次），以洗去未杂交上的探针溶液。

10. 用 PBT 洗涤 3 次载玻片，10 min/次 → 擦洗样品周围，去掉水分（但不能使其太干燥）。

11. 将 20 μL 罗丹明标记的抗地高辛抗体溶液（1/200 溶于 PBT 中）滴到载玻片上 → 盖上盖玻片，置潮湿暗盒室温下孵育 1 h。

12. 将载玻片放入 PBT 中除去盖玻片 → 用 PBT 洗涤 3 次（2 min/次）。

13. 在染色体制片上滴加 5 μL DAPI 封片液 → 盖上另一洁净的盖玻片（保证染色体区域与液滴充分接触，以免产生气泡）→ 封片（用指甲油在盖玻片周围涂一薄层）。

14. 置荧光显微镜下观察。

【注意事项】

1. 安排 3~4 学时，时间跨度为 2 d。

2. 本实验中果蝇唾液腺染色体的制片要比普通压片压得更扁，这是该实验成功的关键之一。

作业与思考题

1. 如何用 FISH 技术同时标记两个或两个以上的不同基因？
2. 荧光显微镜下观察，确定 Adh 基因在果蝇唾液腺染色体上的位置.
3. 除了荧光原位杂交技术以外，还可以通过二抗偶联的过氧化物酶或者碱性磷酸酶（替代罗丹明等荧光物质）通过化学显色显示基因的分布．在这个实验中，我们能否用化学显色的原位杂交？为什么？

实验四十六　分子标记技术及其遗传多态性分析

DNA 分子标记是以基因组 DNA 分子多态性为基础的一种遗传标记.它使人们对于遗传差异的认识由表型特征深入到分子水平,产生了由现象到本质的飞跃.由于其分析的对象是遗传物质 DNA,能稳定遗传,因而可以反映生物个体和群体的遗传本质特性.

【实验目的】

了解分子标记的特点及其在遗传多样性和亲缘关系分析应用中的优点,掌握分子标记的获取技术及其遗传多态性分析方法.

【实验原理】

由于 DNA 分子标记是以生物基因组 DNA 为基础的一种遗传标记,因此它不受生物体组织器官、发育时期及生长环境的影响,且标记十分丰富,又无上位性和表型效应.利用 DNA 分子标记技术通过适当手段对 DNA 多态性进行分析,就能够获得基因组差异的信息,因而它既能够像传统的遗传标记(形态标记、细胞学标记以及生化标记等)一样,作为一种新的分子标记(molecular marker)加以利用,又具有其他遗传标记所无法比拟的显著优点.

DNA 常用分子标记根据其来源可分为三大类.一类是通过限制性酶切割结合分子杂交技术获得的标记,如限制性片段长度多态性 DNA 标记(RFLP);第二类是通过 PCR 扩增获得的标记,如随机扩增多态性 DNA 标记(RAPD)、简单重复序列(或称微卫星标记)(SSR);第三类是通过限制性酶切和 PCR 扩增获得的标记,如扩增长度多态性 DNA 标记(AFLP).DNA 分子标记在品种纯度和真伪鉴定、品种分类及遗传多态性分析上具有以下优越性:

(1) 准确可靠,成本低

长期以来,品种的纯度和真伪鉴定及品种分类是以形态学标记为依据的.从遗传学角度来看,品种的纯度和真伪鉴定实质上是对品种的基因型鉴定,用形态学标记鉴定品种的基因型显然是不够准确的.同工酶和蛋白标记的多态性在某种程度上反应不同品种 DNA 组成上的差异,但其毕竟是基因表达加工后的产物,只能间接反映少部分 DNA 分子的多态性.因此,只有通过直接鉴定品种 DNA 本身,才能准确可靠地鉴定品种的基因型.而对 DNA 分子直接测序鉴定的方法又太费财力、物力和时间,用于鉴定品种纯度和真伪是不可取的.DNA 分子标记技术不通过 DNA 测序就可鉴定 DNA 水平上的差异,是一种准确可靠的品种纯度和真伪鉴定、品种分类及遗传多态性分析的方法.

(2) 鉴定品种及遗传多态性分析不受环境因素的影响

DNA 分子标记无器官、组织及发育阶段的特异性,可以在生长发育的任何阶段取材鉴定,不受环境因素的制约.DNA 分子标记鉴定的是碱基序列,而 DNA 碱基序列是不受环境因素影响的,因此分子标记可克服形态标记鉴定受季节限制、鉴定周期长的缺点,可在任何时候于实验室中完成.

(3) 便于实现自动化

DNA 分子标记鉴定完全可在实验室中进行,为实现自动化奠定了基础.RFLP 技术操作较为复杂,但一旦找出特征谱带,RFLP 标记可转变成以 PCR 为基础的标记;同样,RAPD 标记和 AFLP 标记均可转变成稳定的常规 PCR 为基础的分子标记,只要鉴定过程以 PCR 为基础,鉴定和分析过程就有可能实现自动化.

(4) 可鉴定表型难于鉴别的品种

不论是 RAPD、RFLP、AFLP 还是其他分子标记,其数量是巨大的.RFLP 标记技术、酶/探针的组合几乎是无限的,因此可找到几乎无限的随机克隆探针,如可鉴定沉默变异的探针、可鉴定重复序列和侧翼序列的探针等.DNA 分子标记不仅数量大,多态性水平高,这样利用 DNA 分子标记就可鉴定到不同品种在基因型上存在的细微差异,也可鉴定出利用形态标记难以鉴别的品种.

除上面所讲的分子标记类型外,还有许多类型,如 VNTR(variable number tandem repeat)、CAS(coupled amplification and sequencing)、OP(oligomer polymorphism)、卫星 DNA SSR(simple sequence repeat)(又称微卫星 DNA,microsatellite DNA)、小卫星 DNA(minisatellite DNA)、简单重复序列间扩增(ISSR)等.

【实验器材与药品】

1. 材料

选取 8～10 个不同类型的家蚕品种,其中中国系统 3～4 个,日本系统 3～4 个,热带系统 2 个.

2. 器具

移液器(Nichiryo,Japan)、隔水式电热恒温培养箱、台式高速离心机(TGL. 16G 型)、电泳仪 100v/50v(Advance Co. Ltd,Japan)、PTC-100™ 型 PCR 仪(MJ Research,INC)、GeneAmp PCR 系统 9600、Smart Spec™ 3000 型分光光度计(Bio-Rad 公司)、研钵.

3. 药品

液氮、DNA 抽提缓冲液、蛋白酶 K、平衡酚、氯仿、无水乙醇、70% 的乙醇、RNA 酶、Taq 酶、dNTPs、琼脂糖、TAE 电泳缓冲液.

【方法与步骤】

1. DNA 的提取

分别以各品种幼虫五龄 3 d 的丝腺或各品种化蛹后 3～4 d 的蛹为提取基因组 DNA 的材料,基因组 DNA 电泳图如图 46-1 所示.按以下步骤提取各品种的基因组 DNA:

(1) 将丝腺或蚕蛹放入预冷的研钵中,加入液氮快速磨成粉末.

(2) 加入抽提缓冲液(1.5 mL),混匀后,将匀浆液转移至 5.0 mL 离心管中,加入蛋白酶 K 至终浓度 100 μg/mL,50 ℃下消化过夜.

(3) 加入等体积平衡酚,温和振荡,摇匀 20 min 左右.重复此过程一次.

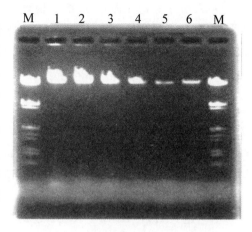

M:DNA 标准分子量;1～6:不同蚕品种 DNA

图 46-1　家蚕基因组 DNA 电泳图

(4) 以 5 000 r/min 的转速离心,用上层水相转移至另一洁净的离心管中.

(5) 用等体积的酚:氯仿(1:1)抽提一次.

(6) 以 5 000 r/min 的转速离心,收集上清液,转移至一洁净的离心管中.

(7) 再用等体积的氯仿抽提一次.

(8) 收集上清液加入 2 倍体积的 −20 ℃无水乙醇沉淀 DNA,沉淀用 70% 的乙醇洗涤 2 次,室温下放置干燥.

(9) 加 TE(pH8.0)使 DNA 完全溶解.

(10) 加入 RNA 酶至终浓度 50 μg/mL,37 ℃下保温 4 h.

(11) 重复步骤(4)～(10),获得 DNA,−70 ℃下保存备用.

(12) 基因组 DNA 的浓度和纯度测定

2. PCR 扩增(RAPD)多态性标记的获得

以各品种 DNA 为模板,RAPD 扩增反应参照 Williams(1990)和夏庆友(1996)的方法稍加调整,RAPD 反应体系(25 μL)含有 100 mmol/L Tris-HCl pH 8.3,500 mmol/L KCl,1% 的 TritonX-100,2.0 mmol/L 的 $MgCl_2$,dATP、dTTP、dCTP 和 dGTP 各 0.2 mmol/L,随机引物 0.2 μmol/L,15 ng 模板 DNA,1U TaqDNA 聚合酶,反应扩增条件 94℃变性 30 s,40℃退火 60 s,72℃延伸 90 s,35 个循环之后接着 72 ℃ 7 min 或 94℃ 45 s,37℃ 1 min,72℃ 2.5 min,72℃ 10 min,扩增产物用 1.5% 的琼脂糖凝胶检测分析.PCR 扩增(RAPD)电泳图见图 46-2.

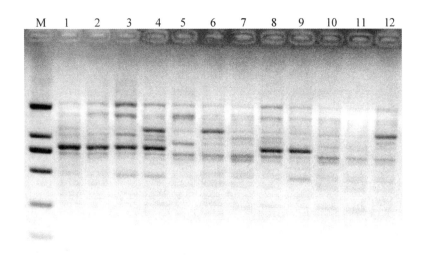

M：DNA 标准分子量；1~12 分别代表芙蓉、东 34、丰一、菁松、皓月、湘晖、7532、871、57B、872、874、54A 等品种家蚕

图 46-2　不同品种家蚕 PCR 扩增(RAPD)电泳图

3. RAPD 多态性标记统计调查

根据电泳检测,有扩展带记为"1",无扩增带记为"0".

4. 品种特异性及遗传多态性分析

分析不同品种的特异性标记及其可区别其他品种的标记；采用 Treecom 分析软件或其他软件,计算各品种间的遗传距离,并作出系统聚类图.利用家蚕不同品种 RAPD 标记多态性所作的聚类分析见图 46-3.

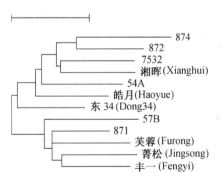

图 46-3　不同品种家蚕 RAPD 标记多态性聚类分析图

作业与思考题

1. 影响 PCR 扩增的因素有哪些?
2. 不同分析方法对分析结果有何影响?
3. 标记数的多少对分析结果有无影响?

实验四十七　DNA限制酶酶切图谱构建与分析

遗传学作图是遗传学研究领域的重要内容之一。限制性内切酶图谱是在DNA分子水平上的作图方法之一，该种图谱的构建是对大片段亚克隆的切割构建酶切图谱、基因组学研究、基因组测序的基础。

【实验目的】

通过学生自主设计实验方案与实验步骤，完成DNA片段扩增及限制酶酶切图谱构建，以便进一步了解DNA限制性内切酶的用途；掌握酶切实验体系及运用限制性内切酶构建大片段DNA图谱原理与技术。

【实验原理】

限制性内切酶是一类能识别双链DNA分子中特异核苷酸序列的DNA水解酶，这类酶的发现和应用促进了以DNA重组为基础的基因工程技术的迅猛发展。该类酶是体外剪切DNA序列，形成所需要目的片段的重要工具，基因物理图谱的绘制、核苷酸序列的测定、基因片段的重组、重组子的筛选、探针的制备及Southern和Northern杂交、基因拷贝数的测定、基因文库的构建、分子标记等都离不开限制性内切酶的应用。另外，以限制性内切酶为基础的各种限制性内切酶片段长度多态性分析，促进了分子遗传学、分类学等相关学科的应用和发展。

本综合实验包括目的片段的获得与酶切图谱的构建。大片段DNA测序时，首先要进行的是构建酶切图谱，确定片段之间的顺序关系；序列测定后根据片段的相互位置关系完成碱基序列图谱。限制性内切酶识别并切割双链DNA特定位点，可形成大小不同的片段，单酶切切割，产生的片段大小、数量是随机的，无法确定片段彼此之间的邻近连接关系；用双酶切后，则可以通过比较双酶切片段的大小，确定所切片段的位置关系，从而建立酶切片段图谱。如果是环状DNA(如质粒)，酶切位点数与所切片段数目相同；若是线性DNA片段酶切，所获得的片段为酶切位点数$(n)+1$。识别6nt序列的内切酶，理论上每526个碱基一个切点，所以酶切片段所切出的片段数目与目的片段长短和碱基序列有关。例如，一长度为5 kb的线状DNA分子，用两种限制酶完全酶切的凝胶电泳结果和各位点的可能性排列如图47-1所示。

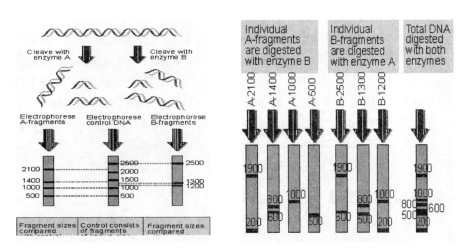

a: 单酶切　　　　　　　　　　　　b: 双酶切

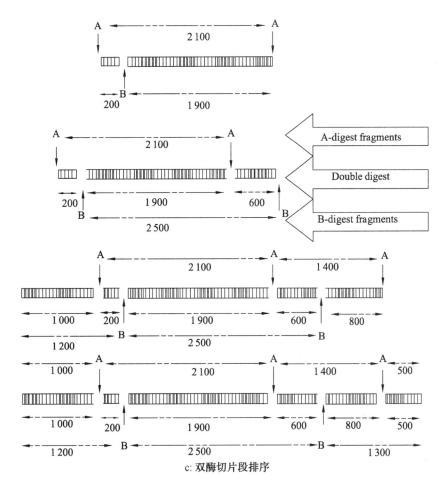

c: 双酶切片段排序

图 47-1　5kb DNA 片段双酶切结果（引自 Flaming gene Ⅶ）

用来确认DNA切除位点的图叫限制性图谱.该图表示出限制酶所对应核苷酸的线性顺序.图谱中的距离由碱基对来决定.短距离表示为bp,长距离表示为kb,对应10^3个碱基对.在染色体水平上,可用Mb表示($1\ Mb=10^6\ bp$).图47-1显示该技术的一个例子.1个5 000 bp长的DNA分子由两个限制性酶A和B切成片段,而后DNA进行电泳.每一条片段的大小由已知大小的片段位置来决定.图47-1a显示酶A将DNA切成4段(长为2 100,1 400,1 000,500 bp),酶B切为3段(长为2 500,1 300,1 200 bp).然后分别以B和A酶酶切(图47-1b)根据双酶切数据排列出DNA分子的特定断裂点及片段的位置关系(图47-1c).

【实验器材与试剂】

1. 材料

可以是λDNA、各种质粒DNA或扩增产物.

2. 仪器

离心机、恒温水浴箱、取液器、电泳仪、电泳槽、紫外观测仪.

3. 试剂

EcoRⅠ、HindⅢ、λDNA/HindⅢ及λDNA/EcoRⅠ、标准质粒(或其他DNA样品)(浓度>0.5 μg/μL)、TAE缓冲液.

【方法与步骤】

1. EcoRⅠ、HindⅢ单酶切

(1) 取2支洁净、灭菌的新Eppendof管A、B,分别按下表加入各种试剂:

试 剂	A管(μL)	B管(μL)
灭菌水	13	13
EcoRⅠ缓冲液	2	
HindⅢ缓冲液		2
λDNA(或质粒DNA)	4	4
EcoRⅠ	1	
HindⅢ		1
总体积	20	20

(2) 37 ℃下保温2~4 h.

(3) 保温结束后,65~70 ℃下10 min灭活酶(如为热稳定性酶,则用氯仿抽提).

(4) 取4 μL左右的反应液加入0.5 μL电泳加样缓冲液进行电泳.

2. EcoRⅠ、HindⅢ双酶切

(1) 取一支洁净、灭菌的Eppendof管,按下表加入各种试剂:

加入试剂	体积(μL)
灭菌水	12
MULT buffer	2
λDNA(或质粒 DNA)	4
EcoR I	1
Hind III	1
总体积	20

(2) 37 ℃下保温 1~2 h.

(3) 保温结束后,65~70 ℃10 min 灭活酶(如为热稳定性酶,则用氯仿抽提).

(4) 取 20 μL 左右的反应液加入 4 μL 电泳加样缓冲液进行电泳.

【注意事项】

1. 样品加入次序为水、缓冲液、DNA,最后为酶,不能颠倒.

2. 加酶步骤要在冰浴中进行,在加酶前应先将水、缓冲液及待切 DNA 混匀.

3. 反应体积中水的量要尽量少,即反应体系的体积要尽量少,一般水解 0.2~1 μg 模板 DNA 时,应将体积控制在 20~30 μL.但要保证所加酶的体积不高于总体积的 1/10,因为限制性内切酶是保存在 50%的甘油中的,如加酶体积高于总体积的 1/10,则反应液中甘油浓度将大于 5%,而此浓度将抑制内切酶活性.

4. 为了控制反应体积和促进反应进行,要求模板 DNA 的浓度很高,否则将引起酶反应动力学改变、降低酶解效果,此时不得不增加反应体积.而为了增加 DNA 储藏的稳定性,DNA 一般多保存在 TE 缓冲液中.如反应体系中过多加入模板 DNA 溶液,则势必造成反应体系中 EDTA 浓度升高,而对酶产生抑制.因此,如底物 DNA 浓度过低,则应进行浓缩.

5. 本实验中双酶切时,因两种酶的缓冲液盐浓度要求相同,所以,可在同一反应体系中完成双酶切.但如双酶切时两种酶所需缓冲盐浓度要求不同,则不能将两种酶同时加入同一体系进行反应.

作业与思考题

1. 除了双酶切作图方法外,是否还可以采用单酶切作图?
2. 酶切作图有什么应用价值?

实验四十八　模拟选择对基因频率的影响

自然选择是指不同的遗传变异体的差别生活能力和差别生殖力.选择可能对显性基因有利,也可能对隐性基因有利.因此,选择可使群体中某一基因的频率增加,而定向改变基因频率,从而影响群体的遗传平衡,使物种得以进化.

【实验目的】

通过人工模拟自然选择,了解选择对基因频率的影响,加深理解进化的本质.

【实验原理】

自然选择的本质是基因型差别复制,结果使带有某些基因型的个体比另一些具有更多的后代.由于选择决定群体中不同基因型个体的相对比例,故通常采用适合度(W)来表示某个基因型个体存活和把其基因传递给后代的相对能力.用选择系数(selective coefficient)来描述选择的强度,记作 s.选择系数是在选择作用下降低的适合度,即 $s=1-W, W=1-s$.

设显性基因频率 p,选择系数 s,则基因频率 p 的改变是:

$$\Delta p = -sp(1-p)^2/[1-sp(2-p)]$$

如 s 很小,$\Delta p = -sp(1-p)$

选择对基因频率的作用结果是,一代的自然选择后,a 的频率不再是 q,而为 q',即

$$q' = (q-sq^2)/(1-sq^2)$$

则
$$\Delta q = -sq^2(1-q)/(1-sq^2)$$

当 q 很小时,分母近似为 1,则

$$\Delta q = -sq^2(1-q)$$

(1) 选择对隐性纯合体不利

选择的有效程度也与显性程度有关.如群体中有 AA、Aa、aa,如显性完全,AA 与 Aa 表型一样,选择只对 aa 起作用.隐性纯合体是有害的,选择上不利,经过一代自然选择,a 的频率不是 q,而是

$$q(1-sq)/(1-sq^2) < q$$

基因频率 q 的改变是 $\Delta q = -sq^2(1-q)/(1-sq^2)$

当 q 很小时 分母近似等于 1,$\Delta q = -sq^2(1-q)$

(2) 选择对显性基因不利

选择可以对显性不利.如果这样,选择显然更为有效,因为有显性基因的个体

都要受到选择.例如:如果带有显性基因的个体是致死的,那么一代之内它的频率就等于 0.如果对显性基因的选择系数减低,被隐性基因取代的速度就大大放慢.设显性基因频率为 p,选择系数为 s,则基因频率 p 的改变是:

$$\Delta p = -sp(1-p)^2/[1-sp(2-p)]$$

如果 s 很小,则 $\Delta p = -sp(1-p)^2$

【实验步骤】

对果蝇正常翅、残翅等位基因的选择(说明:本实验可与果蝇杂交实验结合起来实施).

(1) 选用两个纯合的果蝇群体,即正常翅和残翅类型.分别从两个群体中选取雌处女蝇和雄蝇各 20 只,共同放入一个大的培养瓶中,放入 25 ℃ 培养箱中培养.记录亲本正常翅和残翅的只数.并计算此时群体中正常翅和残翅基因的频率.

(2) 当发现培养瓶内有幼虫或蛹出现时,及时将亲本处死,以防发生回交.当有 F_1 个体出现后,观察其表型,记录 F_1 正常翅和残翅的只数.

(3) 将 F_1 群体中出现的残翅个体全部处死.在一个新的培养瓶中分别放入 20 只正常翅雌果蝇和雄果蝇继续培养(即 $F_1 \times F_1$,此时不需要选处女蝇),培养至有 F_2 代产生.记录 F_2 正常翅和残翅的只数.

(4) 将 F_2 群体中出现的残翅个体全部处死,在一个新的培养瓶中分别放入 20 只正常翅雌果蝇和雄果蝇继续培养,配成 $F_2 \times F_2$.记录 F_3 中正常翅和残翅的只数.

(5) 进行与(4)同样的实验步骤,直至记录到 F_4、F_5.

(6) 计算基因频率和基因型频率,将数据填入表 48-1.

表 48-1 基因型频率和基因频率统计

	基因型频率		基因频率	
	正常翅	残翅	正常翅(p)	残翅(q)
P				
F_1				
F_2				
F_3				
F_4				
F_5				
…				

作业与思考题

1. 实验结果是否满足平衡公式?
2. 此设计思路模拟了怎样的选择影响?有什么样的缺陷?如何弥补?应如何改进?

附　录

一、常用试剂的配制

（一）百分数溶液的配制

百分比浓度有质量分数、体积分数和质量浓度之分。

(1) 质量分数：指 100 g 溶液中含有溶质的克数，用公式表示为：

质量分数＝[溶质质量(g)/(溶质＋溶剂)质量(g)]×100%

(2) 体积分数：指 100 mL 溶液中含有溶质的毫升数，用公式表示为：

体积＝[溶质体积/溶液(溶质＋溶剂)体积]×100%

例如：45% 的乙酸是由冰乙酸 45 mL＋蒸馏水 55 mL 配制而成的。

(3) 质量浓度：指 100 mL 溶剂中含有溶质的质量(g)。例如：0.1% 的秋水仙碱是由 0.1 g 秋水仙碱溶于 100 mL 蒸馏水中配制而成的。

用体积计算的百分数溶液没有以质量计算的准确，但比较方便。

（二）摩尔浓度溶液的配制

摩尔浓度是指 1L 溶液中含有溶质的摩尔数。如配 0.5 mol/L 的蔗糖溶液，蔗糖($C_{12}H_{22}O_{11}$)分子量为 342.2 g，取 0.5 摩尔蔗糖(171.1 g)溶解于适量蒸馏水中，定容至 1 000 mL 即成。

（三）常用试剂的配制

1. 不同浓度乙醇的配制

不同浓度的乙醇溶液，一般用 95% 的乙醇加蒸馏水稀释而成。例如：配 70% 的乙醇时，取 95% 的乙醇 70 mL 加蒸馏水到 95 mL 即成；配 50% 的乙醇时，取 70% 的乙醇 50 mL 加水至 70 mL，或取 95% 乙醇 50 mL 加水至 95 mL 即成。

以两种不同浓度的溶液配制所需浓度的溶液，可采用交叉稀释法，具体方法如下：

甲液浓度(95%的乙醇)↘　↗甲液需取量(mL)＝乙液浓度与待配浓度之差(15)
　　　　　　　　　　待配浓度(50%的乙醇)
乙液浓度(35%的乙醇)↗　↘乙液需取量(mL)＝甲液浓度与待配浓度之差(45)

例如,若要用95%的乙醇和35%的乙醇配制50%的乙醇,可取95%的乙醇15 mL和35%的乙醇45 mL混和即成.其他溶液的配制与此相似.

2. 常用酸碱溶液的配制

常用酸碱溶液的配制方法如下表所示:

名称 (分子式)	密度 (g/cm³)	质量分数 (%)	欲配制溶液的浓度(mol/L)*				配制方法
			6	2	1	0.5	
盐酸 (HCl)	1.18~1.19	36~38	500	167	83	42	量取已知质量分数的酸,缓缓加入适量水中,并不断搅拌,待冷却后定容至1 L
硝酸 (HNO₃)	1.39~1.40	65.0~68.0	381	128	64	32	量取已知质量分数的酸,加水稀释成1 L
硫酸 (H₂SO₄)	1.83~1.84	95.0~98.0	334	112	56	28	量取已知质量分数的酸,缓缓加入适量水中,并不断搅拌,待冷却后定容至1 L
磷酸 (H₃PO₄)	1.69	85	348	108	54	27	同盐酸
冰乙酸 (CH₃COOH)	1.05	70	500	167	83	42	同盐酸
氢氧化钠 (NaOH)	2.1	40	240	80	40	20	称取已知质量分数的试剂,溶于适量水中,不断搅拌,冷却后用水稀释至1 L
氢氧化钾 (KOH)	2.0	56.11	339	113	56.5	28	同氢氧化钠

* 本栏中的数据为配制1 L溶液所需的毫升数(固体试剂为克数).其他浓度的配制可按表中数据按比例折算.

3. 固定液

(1) 卡诺(Carnoy's)液:用于组织及细胞固定,渗透力极快.

卡诺Ⅰ:冰乙酸:无水乙醇=1:3(体积比)

卡诺Ⅱ:冰乙酸:无水乙醇:氯仿=1:6:3(体积比)

这两种固定液渗透、杀死迅速,固定作用很快,植物根尖固定约需15 min,花粉囊约1 h.若固定时间太长(超过48 h),则会破坏细胞.固定液中的纯乙醇固定细胞质,冰乙酸固定染色质,并可防止由于乙醇而引起的高浓度收缩和硬化.Ⅰ液适合于植物;Ⅱ液适合于动物,也应用于植物.Ⅰ液对玉米和高粱适宜.

对小麦则Ⅱ液更好.有时在材料已经固定大约30 min后加几小滴氯化亚铁的含水饱和液于固定液中可助染色体染色.可用甲醇代替乙醇并对黑麦效果很好.至

于大大超过被固定组织数量的固定液,常使固定效果更好.

(2) 甲醇冰乙酸固定液:用于动物细胞或组织固定,效果很好.

甲醇:冰乙酸=3:1(体积比)

(3) 甲醛乙酸乙醇固定液(FAA):又称标准固定液或万能固定液,用于形态解剖研究,对染色体观察效果较差.此液兼作保存液,材料可长期存放.

用于动物的配方为:50%的乙醇(柔软材料用,坚硬材料用 70%的乙醇)90 mL,冰乙酸 5 mL,甲醛[$HO(CH_2O)_nH$]5 mL.

用于植物胚胎的配方为:50%的乙醇 89 mL,冰乙酸 6 mL,甲醛溶液 5 mL.

(4) Lichent 固定液:适于丝状藻类及一般菌类的固定.

配方:质量浓度为 1%的铬酸(H_2CrO_4)水溶液 80 mL,冰乙酸 5 mL,甲醛溶液 15 mL.

4. 预处理液

(1) 1%的秋水仙碱母液:称 1 g 秋水仙碱,先用少量乙醇溶解,再用蒸馏水稀释至 100 mL,冰箱贮藏备用.其他浓度的秋水仙碱溶液可以此稀释得到.

(2) 0.002 mol/L 的 8 羟基喹啉:取 0.002 mol 的 8 羟基喹啉溶于 100 mL 蒸馏水中.

(3) 饱和对二氯苯溶液:在 100 mL 蒸馏水中加对二氯苯直至饱和状态.

5. 解离液

(1) 盐酸乙醇解离液:95%的乙醇与浓盐酸各一份混合而成.在根尖细胞制片中,它用于溶解果胶质.

(2) 1%的果胶酶与纤维素酶混合液:取果胶酶和纤维素酶各 1 g,溶于 100 mL 蒸馏水中即成.

(3) 2%的纤维素酶和 0.5%的果胶酶混合液:取纤维素酶 2 g,果胶酶 0.5 g,溶于 100 mL 0.1 mol/L 的乙酸钠缓冲液(pH=4.5)中即成.

6. 脱水剂

(1) 乙醇:为最常用的脱水剂.处理材料时从低浓度乙醇向高浓度移动,最后到无水乙醇中使水分完全脱去.各级乙醇浓度一般从 50%→75%→85%→95%→无水乙醇,也可从 10%→30%→50%直到 100%,视材料要求而定.

(2) 正丁醇:可与水及乙醇混合,使用后很少引起组织块的收缩与变脆.

(3) 叔丁醇:作用同正丁醇,但效果更好.因价格昂贵,一般少用.材料经乙酸压片后,可逐步过渡到正(叔)丁醇中,如:10%的乙酸→40%的乙酸→正(叔)丁醇+冰乙酸(1:1)→正(叔)丁醇.压片时如用 45%的乙酸,则可只用后两步.

7. 透明剂

(1) 二甲苯:应用最广,作用迅速.如材料水分未脱尽,遇二甲苯后,会发生乳状混浊.为避免材料收缩,应从无水乙醇逐步过渡到二甲苯中,即从无水乙醇→无水乙醇+二甲苯(1:1)→二甲苯.

(2) 氯仿：可用来代替二甲苯，比二甲苯挥发快，渗透力较弱，材料收缩小．由于它会破坏染色，所以已染色的切片不宜使用．

8. 封藏剂

(1) 加拿大树胶(Canada Balsam)：是常用的封藏剂．其溶剂视透明剂而定．用二甲苯透明的，以二甲苯溶解；用正丁醇透明的，可溶于正丁醇．但绝不能混入水及乙醇．

(2) 油派胶：有无色和绿色两种胶液．材料脱水至无水乙醇(或95%的乙醇)后，即可用此胶封藏．

(3) 甘油胶：取优质白明胶 1 g，溶于 6 mL 热蒸馏水(40 ℃～50 ℃)中，加 7 mL 甘油后，滴入 2～3 滴石炭酸防腐，过滤即成．甘油胶可长期贮存，用时取一小部分，微热，融化．

二、常用染色液的配制

1. 醋酸洋红染液

取 45% 的乙酸溶液 100 mL，放入锥形瓶，加热至沸腾．移去火源，徐徐加入 0.5～2 g 洋红，煮沸约 5 min 或回流煮沸 12 h．冷却后过滤，再加 1%～2% 的铁明矾水溶液数滴，直到此液变为暗红色不发生沉淀为止．也可悬入一小铁钉，1 min 后取出，使染色剂中略具铁质，以增强染色性能．滤液放入棕色瓶中盖紧保存，并避免阳光直射．此染液为酸性，适用于涂抹片．染色体可被染成深红色，细胞质被染成浅红，长久保存不褪色．

2. 丙酸洋红染液

丙酸洋红与醋酸洋红的配制过程相同，仅以 45% 的丙酸代替 45% 的醋酸．丙酸比醋酸更易溶解洋红，且细胞质着色比醋酸洋红浅．

3. 醋酸地衣红染液

取冰乙酸 45 mL，加热至近沸腾，徐徐加入 0.5～2 g 地衣红，用玻璃棒搅动，微热至染料完全溶解．冷却后加入蒸馏水 55 mL，振荡，过滤，将滤液放入棕色瓶中保存．该染液使染色体着色的效果比醋酸洋红更好，但易溶于乙醇，对用乙醇保存过的材料要尽量除净乙醇．

4. 卡宝品红(改良石炭酸品红、改良苯酚品红)染液

先配 3 种原液，再配成染色液．

原液 A：取 3 g 碱性品红溶于 70% 的乙醇 100 mL 中(可长期保存)．

原液 B：取原液 A 10 mL，加入 5% 的石炭酸水溶液 90 mL (限 2 周内使用)．

原液 C：取原液 B 45 mL，加冰乙酸和福尔马林(37% 的甲醛)各 6 mL (可长期保存)．

染色液:取原液 C10~20 mL,加 45%的乙酸 80~90 mL,再加山梨醇 1.8 g,配成 10%~20%的石炭酸品红液.若放置两周以后再使用,其着色能力显著加强.该染色液的浓度可根据需要而变更,淡染或长时间染色可用 2%~10%的浓度,浓染可用 30%的浓度,再用 45%的乙酸分色.山梨醇为助渗剂,兼有稳定染色液的作用.不加山梨醇也可以,但着色效果略差.此液具有醋酸洋红染色方便的优点,还具有席夫试剂只对核和染色体染色的优点,且染色效果稳定可靠.此液适于动植物各种大小的染色体、体细胞染色体和减数分裂染色体,并具有相当牢固的染色性能,保存性好,室温下保存两年不变质.

5. 铁矾苏木精染液

分别配制甲、乙两液,染色前配合使用.

甲液[4%硫酸铁铵(铁明矾)水溶液]:取 4 g 铁明矾,溶于 100 mL 水中(现配现用,保持新鲜.铁明矾为紫色结晶.若为黄色则不能用).

乙液(0.5%的苏木精水溶液)(用前 6 周配制):取 0.5 g 苏木精溶于 5 mL 95%的乙醇中,充分溶解,制成 10%的苏木精乙醇溶液,贮藏于阴凉处,可保存 3~6 个月.使用时加蒸馏水至 100 mL 即可.

甲液、乙液不能混合,须分别使用.

此液可显示染色体、染色质、核仁、线粒体、中心粒和肌纤维横纹等,使其呈深蓝色甚至黑色.

6. 席夫试剂及漂洗液

席夫试剂及漂洗液的配方如下表所示.

席夫试剂	1 mol/L 的盐酸 碱性品红 偏重亚硫酸钠(钾) 中性活性碳	10 mL 0.5 g 1 g 0.5 g
漂洗液 (现配现用)	1 mol/L 的盐酸 10%的偏重亚硫酸钠(钾) 蒸馏水	5 mL 5 mL 100 mL

席夫试剂的配制方法:将 100 mL 蒸馏水加热至沸腾,移去火源,加入 0.5 g 碱性品红,继续煮沸 5 min,并随加随搅拌.冷却到 50 ℃过滤到棕色瓶中,此时加入 1 mol/L 的盐酸 10 mL.再冷却到 25 ℃时加 1 g 偏重亚硫酸钠(钾),同时振荡一下,封闭瓶口,置暗处过夜.次日取出,液体应呈淡黄色或无色.若颜色过深,加 0.5 g 中性活性炭,剧烈振荡 1 min,过滤后于 4 ℃冰箱保存(或置阴凉处),并外包黑纸,以防长期暴露在空气中加速氧化而变色;如不变色,可继续使用;如变为淡红色,可再加少许偏重亚硫酸钠(钾)转为无色方可使用,出现白色沉淀则不可再用.

7. 醋酸-铁矾-苏木精

取 0.5 g 苏木精,溶于 100 mL 45%的冰醋酸中,用前取 3~5 mL,用 45%的冰醋酸稀释 1~2 倍,加入铁矾饱和液(溶于 45% 的醋酸中)1~2 滴,染色液由棕黄变为紫色,立即使用,不能保存.

8. 丙酸-水合氯醛-铁矾-苏木精染色液

分别配制 A、B 两种贮备液,染色前配合使用.

取 2 g 苏木精溶于 100 mL 50% 的丙酸中即成 A 液(可长期保存).取 0.51 g 铁矾溶于 100 mL 50% 的丙酸中即成 B 液(可长期保存).

染色液:将 A、B 两液按 1∶1 的比例混合,每 5 mL 混合液加入水合氯醛 2 g,存放 1 d 后使用.此染色液只能用一个月,半月内效果最好,故不宜多配.

9. Giemsa 染液

一般先配成原液长期贮存.使用前根据需要用缓冲液将原液稀释,最好现配现用.

Giemsa 原液配方:Giemsa 粉 1 g,甘油 33 mL,甲醇 45 mL.配制方法:在研钵内先用少量甘油与 Giemsa 粉混合,研磨至无颗粒为止,再将余下的甘油倒入,56 ℃ 恒温水浴中保温 2 h,再加入 45 mL 甲醇,充分搅拌,用滤纸过滤,于棕色细口瓶中保存,越久越好.

使用时根据染色对象和目的配制不同浓度的 Giemsa 染液,一般用 1∶10 的 Giemsa 染液.

1∶10 的 Giemsa 染液配制方法:取 10 mL Giemsa 原液,加 0.025 mol/L 的 PBS 缓冲液 100 mL,充分混匀.现配现用最好,或避光保存.

10. 硫堇紫染液

硫堇紫原液:取 1 g 硫堇溶解在 100 mL 50% 的乙醇中即成.

硫堇紫染液:取硫堇紫原液 40 mL,加 28 mL Michaelis 缓冲液(pH5.7±0.2)和 32 mL 0.1 mol/L 的 HCl,混匀即成.

11. 1% 的 IKI 溶液

取 2 g KI 溶于 5 mL 蒸馏水中,加入 1 g 碘,待其溶解后再加入 295 mL 蒸馏水即成 1% 的 IKI 溶液.该溶液应保存于棕色瓶中.

三、常用缓冲液的配制

1. 0.025 mol/L 的 PBS 缓冲液(pH=6.8)

称取 KH_2PO_4 3.4 g,溶于 800 mL 蒸馏水中,用 5%~10% 的 NaOH 调 pH 至 6.8,加蒸馏水定容至 1 000 mL.

2. 0.1 mol/L 的 PBS 缓冲液(pH=6.8)

甲液(0.2 mol/L 的磷酸氢二钠溶液):取 $Na_2HPO_4 \cdot 2H_2O$ 35.61 g(或 $Na_2HPO_4 \cdot 7H_2O$ 53.65 g,或 $Na_2HPO_4 \cdot 12H_2O$ 71.64 g),溶于适量蒸馏水中,

定容至 1 000 mL.

乙液(0.2 mol/L 的磷酸二氢钠溶液)：取 $NaH_2PO_4 \cdot H_2O$ 27.60 g(或 $NaH_2PO_4 \cdot 2H_2O$ 31.21 g),溶于适量蒸馏水中,定容至 1 000 mL.

使用液：取甲液 24.5 mL、乙液 25.5 mL,加蒸馏水定容至 1 000 mL.

3. Michaelis 缓冲液(pH=5.7)

取 $CH_3COONa \cdot 3H_2O$ 19.4 g,巴比妥钠 29.4 g,溶于 800 mL 煮沸后的蒸馏水中,冷却后定容至 1 000 mL.

4. 0.1 mol/L 的乙酸钠缓冲液(pH=4.5)

取乙酸钠 2.95 g,溶于适量蒸馏水中,加冰乙酸 3.8 mL 调 pH 至 4.5,加蒸馏水定容至 1 000 mL.

四、常用培养基的配制

(一)植物组织培养培养基(用于花药培养诱导植物单倍体)

最常用的植物组织培养基本培养基有 MS、Miller、N_6 和 B_5 等.

1. 培养基母液的配制

(1) 大量元素母液：按培养基 10 倍用量称取各种大量元素,依次溶解于 800 mL 热蒸馏水(60 ℃~80 ℃)中.应在一种成分完全溶解后再加入下一种成分,尽量将 Ca^{2+}、SO_4^{2-}、PO_4^{3-} 错开,以免产生沉淀.最后定容至 1 000 mL,得到 10×浓度的大量元素母液,贮存于冰箱备用.

(2) 微量元素母液：硼、锰、铜、锌、钴等微量元素用量极少,可按配方 100 倍的量配成母液,贮存于冰箱备用.

(3) 铁盐母液：用量很少,按配方 100 倍的量配成母液,转移至棕色试剂瓶,贮存于冰箱备用.注意贮存时间不宜太长.

(4) 有机成分(除蔗糖外)的母液：用量极少,按配方 100 倍的量配成母液,贮存于冰箱备用.

(5) 植物激素母液：通常分别配成 0.21 mg/L 的母液,于冰箱保存.有些药品不易溶解于水,如：2,4-D 萘乙酸,可先溶解于少量的 95%乙醇中,6 苄基氨基嘌呤先溶解于少量 1 mol/L 的 HCl,再加水配成一定浓度的母液;吲哚乙酸可加热溶解.

2. 培养基的配制

配制培养基时取出各种母液,加入蒸馏水和蔗糖(花药培养时蔗糖的浓度较一般组织培养要高些,常用 60 g/L),定容至 1 000 mL,加入琼脂后加热溶化.再用 1 mol/L 的 HCl 或 1 mol/L 的 NaOH 调节 pH,最后分装、灭菌.常用植物基本培养基成分如下表所示：

成 分	植物基本培养基成分用量(mg/L)			
	MS	Miller	N_6	B_5
大量元素				
$(NH_4)_2SO_4$	—	—	463	134
KNO_3	1 900	1 000	2 830	134
NH_4NO_3	1 650	1 000	—	—
$MgSO_4 \cdot 7H_2O$	370	35	185	250
KH_2PO_4	170	400	400	—
KCl	—	65	—	—
$Ca(NO_3)_2 \cdot 4H_2O$	—	347	—	—
$CaCl_2 \cdot 2H_2O$	440	—	166	150
$NaH_2PO_4 \cdot H_2O$	—	—	—	150
微量元素				
$MnSO_4 \cdot 4H_2O$	15.6	4.4	3.3	10
$ZnSO_4 \cdot 7H_2O$	8.6	1.5	1.5	2.0
H_3BO_3	6.2	1.6	1.6	3.0
KI	0.83	0.8	0.8	0.75
$Na_2MoO_4 \cdot 2H_2O$	0.25	—	—	0.25
$CuSO_4 \cdot 5H_2O$	0.025	—	—	0.025
$CoCl_2 \cdot 6H_2O$	0.025	—	—	0.025
铁盐				
$FeSO_4 \cdot 7H_2O$	27.8	—	27.8	27.8
Na_2-EDTA	37.3	—	37.3	37.3
NaFe-EDTA	—	32	—	—
有机物质				
甘氨酸	2.0	2.0	—	—
盐酸硫胺素	0.5	0.1	1.0	10.0
盐酸吡哆醇	0.5	0.1	0.5	1.0
烟酸	0.05	0.5	0.5	1.0
肌醇	100	—	—	100
蔗糖(g)	30	30	50	50
pH	5.8	6.0	5.8	5.8

(二)大肠杆菌培养基(用于大肠杆菌诱变处理与营养缺陷型筛选)

1. 基本培养基(固体)

称取 2 g 葡萄糖、2 g 琼脂,加 100 mL 蒸馏水,调 pH 至 7.0,在每平方英寸 8 磅($8lb/in^2$)压力下灭菌 30 min.

2. 基本培养基(液体)

称取 2 g 葡萄糖,加 100 mL 蒸馏水,调 pH 至 7.0,在 8 lb/in² 下灭菌 30 min。

3. 无氮基本培养基(液体)

称取 0.7 g K_2HPO_4、0.3 g KH_2PO_4、0.5 g 柠檬酸钠·$3H_2O$、0.01 g $MgSO_4$·$7H_2O$、2 g 葡萄糖,加 100 mL 蒸馏水,调 pH 至 7.0,在 8 lb/in² 下灭菌 30 min。

4. 2N 基本培养基(液体)

称取 0.7 g K_2HPO_4、0.3 g KH_2PO_4、0.5 g 柠檬酸钠·$3H_2O$、0.01 g $MgSO_4$·$7H_2O$、0.2 g $(NH_4)_2SO_4$、2 g 葡萄糖,加 100 mL 蒸馏水,调 pH 至 7.0,在 8 lb/in² 下灭菌 30 min(高渗青霉素法所用 2 N 基本培养液需再加 20% 的蔗糖和 0.2% 的 $MgSO_4$·$7H_2O$)。

5. 肉汤培养基(液体)

称取 0.5 g 牛肉膏、1 g 蛋白胨、0.5 g NaCl,加 100 mL 蒸馏水,调 pH 至 7.2,在 15 lb/in² 下灭菌 15 min。

6. ZE 肉汤培养基(液体)

称取 0.5 g 牛肉膏、1 g 蛋白胨、0.5 g NaCl,加 50 mL 蒸馏水,调 pH 至 7.2,在 15 lb/in² 下灭菌 15 min。

五、χ^2 值表

df \ P	0.99	0.90	0.75	0.50	0.25	0.10	0.05	0.01	0.005
1	0.00	0.02	0.01	0.45	1.32	2.71	3.84	6.64	7.90
2	0.02	0.21	0.58	1.39	2.77	4.60	5.99	9.22	4.59
3	0.11	0.58	1.21	2.37	4.11	6.25	7.82	11.32	12.82
4	0.30	1.06	1.92	3.36	5.39	7.78	9.49	13.28	14.82
5	0.55	1.61	2.67	4.35	6.63	9.24	11.07	15.09	16.76
6	0.87	2.20	3.45	5.35	7.84	10.65	12.60	16.81	18.55
7	1.24	2.83	4.25	6.35	9.04	12.02	14.07	18.47	20.27
8	1.64	3.49	5.07	7.34	10.22	13.36	15.51	20.08	21.94
9	2.09	4.17	5.09	8.34	11.39	14.69	16.93	20.65	23.56
10	2.55	4.86	6.74	9.34	12.55	15.99	18.31	23.19	25.15

主要参考文献

1. 刘祖洞,江绍慧.遗传学实验[M].2版.北京:高等教育出版社,1987.
2. 季道蕃.遗传学实验[M].北京:中国农业出版社,1992.
3. 余毓君.遗传学实验技术[M].北京:农业出版社,1991.
4. 王子淑.人体及动物细胞遗传学实验技术[M].成都:四川大学出版社,1987.
5. 丁显平.现代临床分子与细胞遗传学技术[M].成都:四川大学出版社,2002.
6. 王亚馥,戴灼华.遗传学[M].北京:高等教育出版社,1999.
7. 卢龙斗,常重杰,杜启艳,等.遗传学实验技术[M].合肥:中国科学技术大学出版社,1996.
8. 朱军.遗传学[M].3版.北京:中国农业出版社,2002.
9. 李懋学,张敩方.植物染色体研究技术[M].哈尔滨:东北林业大学出版社,1991.
10. J.萨姆布鲁克,D.W.拉塞尔.分子克隆实验指南[M].黄培堂,主译.3版.北京:科学出版社,2002.
11. 吴乃虎.基因工程原理(上册)[M].2版.北京:科学出版社,1998.
12. 吴乃虎.基因工程原理(下册)[M].2版.北京:科学出版社,2001.
13. 胡福泉.现代基因操作技术[M].北京:人民军医出版社,2000.
14. 张惠展.基因工程概论[M].上海:华东理工大学出版社,1999.
15. 彭秀玲.基因工程实验技术[M].2版.长沙:湖南科学技术出版社,1998.
16. 邢婉丽,程京.生物芯片技术实验教程[M].北京:清华大学出版社,2006.
17. 刘祖洞,江绍慧.遗传学[M].北京:人民教育出版社,1979.
18. 卢龙斗,常重杰.遗传学实验技术[M].北京:科学出版社,2007.
19. 郭善利,刘林德.遗传学实验教程[M].北京:科学出版社,2004.
20. 田中信德.新细胞遗传学[M].东京:朝仓书店,1978.
21. 王金发,戚康标,何炎明.遗传学实验教程[M].北京:高等教育出版社,2008.
22. 黎杰强,伍育源,朱碧岩.遗传学实验[M].长沙:湖南科学技术出版社,2006.
23. 张自力.蚕豆、洋葱染色体C带显示法[J].遗传学报,1978,5(4):334—336.
24. 姚珍.黑麦染色体吉姆萨分带法[J].遗传学报,1979,6(2):223.
25. 盛祖嘉.微生物遗传学[M].北京:科学出版社,1981.

26. Barbara Beatty, Sabine Mui, Jeremy Squite. 荧光原位杂交技术[M]. 王瑛等译. 天津:天津科技翻译出版公司,2003.

27. W. 沙利文,M. 阿什伯恩纳,R. S. 霍. 果蝇实验指南(影印版)[M]. 北京:科学出版社,2004.

28. 周泽扬,鲁成,夏庆友,等. DNA 多态性分析技术及其在蚕业上的应用[J]. 蚕学通讯,1996.16(4):16—20.

29. Williams JGK, Kubeilk AR, Kivak KJ, et al. DNA Polymorphism amplified by arbitrary primers are useful as genetic markers[J]. Nucleic Acids Res,1990,18:6531—6535.

30. 夏庆友. 家蚕分子系统学和基因分子标记研究[D]. 西南农业大学,1996.

31. 季道藩. 遗传学实验[M]. 北京:农业出版社,1992.

32. 盛志廉,陈瑶生. 数量遗传学[M]. 北京:科学出版社,2001.

33. 向仲怀. 家蚕遗传育种学[M]. 北京:农业科学出版社,1992.